탐식 기행,

소울푸드를 만나다

탐식 기행, 소울푸드를 만나다

초판 1쇄 발행 2023년 10월 20일

지은이 최원준
펴낸이 강수걸
편집 강나래 신지은 오해은 이소영 이선화 김소원 이혜정
디자인 권문경 조은비
펴낸곳 산지니
등록 2005년 2월 7일 제333-3370000251002005000001호
주소 부산시 해운대구 수영강변대로 140 BCC 613호
전화 051-504-7070 | 팩스 051-507-7543
홈페이지 www.sanzinibook.com
전자우편 sanzini@sanzinibook.com
블로그 sanzinibook.tistory.com

ISBN 979-11-6861-178-8 03590

* 책값은 뒤표지에 있습니다.
* 잘못된 책은 구입하신 곳에서 교환해드립니다.
* 본 출판물은 〈2023 우수 출판콘텐츠 제작지원〉의 일환으로 부산광역시와 부산정보산업진흥원의 지원을 통해 제작되었습니다.

부산정보산업진흥원
Busan IT Industry Promotion Agency

탐식 기행,
소울푸드를 만나다

몸도 마음도 지쳤을 때
나를 위로해준 음식을 찾아서

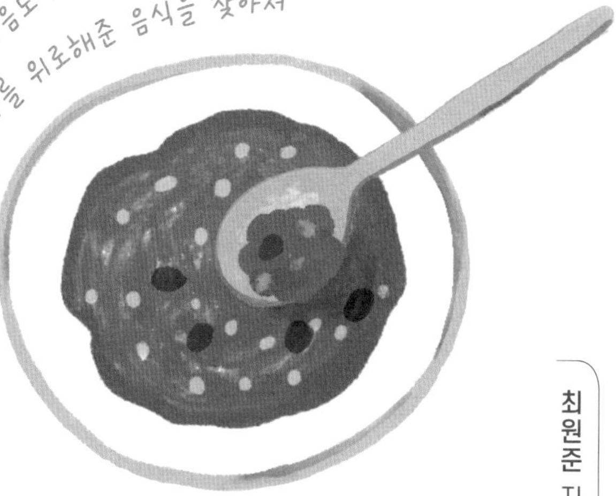

최원준 지음

산지니

들어가며

인간이 유사 이래로 생존하기 위해 가장 필수 불가결한 행위 중 하나가 음식을 통한 섭생이다. 최소한의 에너지원을 충족시키기 위해 먹이활동은 인간의 삶과 함께 꾸준히 지속되어왔던 삶의 행위 중 하나라는 것이다.

그래서 유구한 인간의 역사는 지금껏 인간 먹이활동의 역사와 그 궤를 같이하고 있다. 이를 뒤집어서 말하면 음식의 역사를 살펴보면 인간의 역사를 추론할 수 있다는 이야기가 성립될 수가 있다. 쌀과 밀의 음식 역사를 통해 동·서양의 문화사를 크게 나누듯이 말이다.

음식을 보면 한 국가의 역사와 그 민족의 정체성을 읽어낼 수가 있다. 음식 속에서 국가와 민족의 역사, 문화, 정치, 경제 등의 활동을 읽어낼 수가 있다는 뜻이다. 인간의 가장 기초사회인 가정이나 공동체 마을에서 먹어왔던 음식과 음식문화가 향토 음식의 기초가 되고 이 음식이 널리 퍼져 국가와 민족을 대변하는 음식이 된다.

이 때문에 음식은 지역의 풍습과 생활상, 지역 사람들의 기질 또한 보여주기도 한다. 비록 흔하고 소소한 식재료, 투박한 음식 한 그릇이지만, 이들이 '한 시대를 담는 그릇'이라는 점에서 소홀하거나 간과해서는 안 되는 이유이다. 음식 속에 담겨 있는 시대적 담론은 사람의 역사를 만들고 문화인류학의 근간이 된다.

필자가 기회가 있을 때마다 강조한 바이지만 '음식은 시대를 담는 그릇'이다. 그만큼 음식을 통한 시대적 통찰은 지대하다. 그 시대의 음식과 음식재료, 음식문화로 그 시대를 읽어낼 수가 있고 '음식의 사회학' 또한 파악할 수 있다.

로마제국 번성기의 음식문화로 로마의 발전상과 화려한 생활상을 읽어내고, 사치스런 식문화 이면의 사회사 연구로 제국의 멸망을 예측할 수 있었던 점도 한 예로 들 수 있겠다.

중국 청조의 '만한취엔시(滿漢全席)'는 사흘에 걸쳐 180여 가지의 음식을 상에 올리는 음식의 대향연이다. 이 또한 한족과 만주족의 대표 요리를 한 상에 올림으로써, 두 민족의 화합을 상징하는 정치적 의도가 깔려 있었다.

유네스코 인류문화유산으로 등재된 일본의 '와쇼쿠(和食)문화'는 지역공동체에 뿌리를 두고 있다. 음식을 차려내고 또 먹는 방식의 예절과 만든 이와 먹는 이의 소통을 중시함으로써, 집단의 공동체문화를 음식을 매개로 결집해낸다. '음식문화'로 사회가 추구하는 관습과 가치관을 단련하는 것이다.

미국의 햄버거는 몽골의 유럽정벌 때 몽골군의 전투식량에서부터 시작하여 러시아의 타타르, 대항해 시대 독일 함부르크의 하크스테이크를 거쳐 미국의 대표적인 패스트푸드 음식으로 자리를 잡았다. 이를 보더라도 모든 인간은 지역을 구분하지 않고 음식으로 서로 교류, 공유, 발전해오기도 했다는 의미이다.

이처럼 음식은 한 국가나 민족, 특정 지역의 정체성과 기질, 환경 등을 반영한다는 말이 되는데, 뒤집어보면 그 정체성이나 기질, 환경 등을 들여다보면 특정한 곳의 음식 특성을 읽어낼 수 있다는 뜻이기도 하다.

우리 민족도 지역마다 오래도록 그 지방을 대표해온 음식들이 있다. 그 음식은 그 고장의 역사·문화·지정학적 특성을 품고 있다. 이런 음식을 근래에는 그 지역의 정체성을 아우른다는 뜻에서 '소울푸드'라 한다.

소울푸드는 특정한 지역에서 자연스럽게 발현한 음식으로, 그 고장에서 나는 식재료를 그들 방식으로 조리해 먹되, 지역민 모두가 공유하면서 즐거이 상식(常食)하는 음식으로 정의된다. 주로 푸드 마일리지가 짧고 지역의 식재료로 조리하는 로컬푸드가 대상이 되겠다. 이들 음식은 지역의 공동체문화를 내포하고 있기에 일반적인 음식과 함께 분류, 치부할 수가 없다.

돼지국밥, 밀면 등이 부산 소울푸드의 좋은 예가 되겠다. 통영의 볼락, 김해의 뒷고기, 울산 고래고기, 하동의 재첩과 참게, 마산 통술, 언양 소머리국밥, 함안 의령 합천의 장터국밥 등 지역마다 그 지역의 식재료와 조리법 등으로 무장한 향토음식, 지역 사람들이 사랑하는 소울푸드가 있다는 이야기다.

이 책은 주로 부산과 울산, 경남을 중심으로 한 권역의 역사와 생활문화, 지리적 특성과 그 지역 사람들의 기질 등을 반영한 소울푸드를 소개하고 있다. 부산과 울산 경남은 예부터 넓은 단위의 같은 지역권이었다. 역사적으로도 경남이라는 지역에 속하기도 했거니와 비슷한 기후, 자연환경, 생활 습속과 규범, 심지어 경상도 말이라는 언어를 함께 공유하고 있기도 하다.

이 때문에 다양한 음식들 속에서도 일맥상통이라는 음식 속 공통점이 많은 지역이기도 하다. 계절의 흐름과 제철 식재료의 공유에 의한 음식들의 유사성, 장류와 양념, 조리법의 유사성 등도 이를 뒷받침하고 있다.

그러나 이런 아우름 속에서도 각각의 지역이나 마을에는 그들만의 독특한 음식과 식재료, 조리법과 먹는 방식 등이 조금씩 서로 다르고 독립적이다. 이를 필자는 오랫동안 발품 팔며 유심히 보고 기록하는 작업을 해오고 이를 매체에 연재하기도 했다.

이번에 묶어내는 이 결과물 또한 이를 바탕으로 한 것이다. 이 책을 계기로 더 많은 권역의 우리 소울푸드를 더욱 폭넓고 깊게 연구, 소개할 예정이다. 부디 독자들이 이 책으로 부산·울산·경남 지역의 다양한 음식문화를 이해하는 데 미력이나마 도움이 되었으면 하는 바람이다.

차례

1장 소울푸드, 지친 몸과 마음을 위로하다

소박한 칼국수가 주는 위로 **시장칼국수** 14

경남의 메밀 음식을 찾아서 **진주냉면, 의령소바** 20

모자람 없이 넉넉했던 그 시절의 기억 **김칫국** 26

팔팔 끓는 시락국에 밥 한 덩이 척 **시래기와 시락국** 32

찬바람 불면 생각나는 포장마차의 밤 **홍합(담치)** 38

오랜 추억의 주전부리 **영도 조내기 고구마와 빼때기죽** 44

젯밥에 관심이 갈 만허네 **제삿밥과 전찌개** 50

소고기를 대신했던 그 시절 고래의 맛 **울산 장생포 고래탕** 56

몰래 뒤로 빼돌려 먹던 돼지고기 **김해 돼지 뒷고기와 뒷통구이** 62

생고기의 미학, 양념은 거들 뿐 **울산 봉계한우** 68

통영 바다를 한 상에 올리다 **통영 다찌** 74

뭘 내놓을지는 주인장 맘이라오 **진주 실비** 81

상다리가 휘어지는 풍경 **창원 마산 통술** 86

2장 소울푸드, 몸과 마음을 따뜻하게 녹이다

경상도식 장터 소고기국밥 한 그릇 **함안 소고기국밥** 94

노포의 구들방을 차지한 가마솥에서 끓여내는 국밥의 맛이란 **의령·합천 장터국밥** 100

12가지 맛을 품다 **울산 언양 소머리국밥** 106

총쟁이국밥 먹으러 장터에 간다 **고성 총쟁이국밥** 111

산채음식과 절밥의 오묘한 조화 **양산 약선밥상** 117

뚝배기 한 그릇에 몸도 마음도 스르르 녹는다 **통영 쫄복과 도톨복** 123

우포늪의 넉넉한 품이 내어주는 식탁 **창녕 우포늪 붕어밥상** 129

한옥고택서 내온 200년 비법의 술상 **합천 고가송주(古家松酒) 술상** 134

맹독 속에 숨겨진 맑고 시원한 맛 **통영 쑤기미탕** 139

술꾼 아재는 이 못난이를 사랑한다네 **창원 마산 탱수국** 144

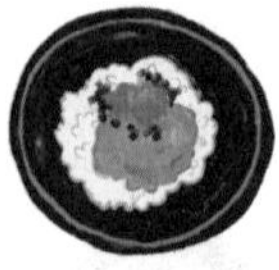

3장 소울푸드, 바다와 강이 차려낸 식탁

달콤쌉쌀한 멍게의 맛 **통영 멍게** 152

벚꽃 흐드러질 때 벚굴도 만개한다 **섬진강 벚굴** 158

볼이 미어지도록 봄 바다 크게 한 쌈 **영도 곰피와 기장 다시마** 163

짭조름한 낙동강 봄의 별미 **낙동강 갱갱이젓** 169

향토음식의 재발견, 맛깔난 수어秀魚 **가덕숭어** 174

봄이면 거제 밥상에 피어나는 바다 붉은 꽃 **거제 씸벙게(왕밤송이게)** 180

입천장이 데어도 포기할 수 없다 **창원시 진동 미더덕** 185

바다에서 건져낸 칼국수 면발(?) **남해·삼천포 앵아리** 191

여름 해조류, 푸른 바다의 맛 **해초밥상** 197

기장 아지매의 수고로움을 먹다 **기장 까시리** 203

수조기 짝 찾는 울음소리 **서낙동강 수조기** 209

밥상 위에 조개꽃이 피었습니다 **서낙동강 하구 갯벌조개** 215

백사장에서 만난 여름 밥도둑 **금게** 221

낙동강 사람들 여름 입맛 돋우는 짭조름함 **을숙도 밀기** 227

욕지 앞바다는 고등어를 키운다 **통영 욕지도 고등어** 233

청마가 사랑한 '토영'의 소울푸드 **통영 볼락** 239

4장 소울푸드, 싱그러운 산과 들의 식탁

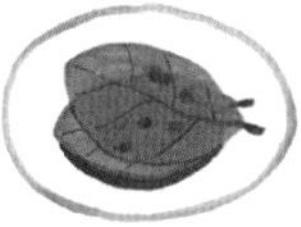

유년 시절 붉게 물들였던 빨간 맛의 추억 **김해 산딸기** 246

지리산 흑돼지구이도 조연이 된다 **지리산 봄나물** 251

밥상에서 맞이하는 생동하는 봄 **푸새 남새 구첩반상** 257

허기진 옛 추억을 채우는 보리밥 한상 **밀양 보리밥** 263

가지마다 줄기마다 매달린 농익은 봄 **나무순 나물** 269

햇빛과 바람이 만든 슬로푸드 **묵나물** 276

'파김치'된 당신에게 봄이 내린 선물 **기장 쪽파** 281

오메, 밥상에 단풍 들었네 **양산 단풍콩잎장아찌** 288

겨울 난 몸을 파릇하게 일깨우다 **양산 곰취와 곤달비** 294

1

소울푸드, 지친 몸과 마음을 위로하다

시장칼국수

소박한 칼국수가 주는 위로

칼국수만큼 쉽게 조리하여 한 끼 뚝딱 먹을 수 있는 음식이 있을까? 게다가 다양한 베이스의 육수와 소스, 고명을 지역에 따라, 계절에 따라 편하게 활용할 수 있는 음식 또한 칼국수이다.

그래서 칼국수의 종류는 셀 수 없이 많다. 서울 경기 지역의 사골칼국수와 닭칼국수, 서해안의 바지락 칼국수, 제주도의 해물칼국수, 전라도의 팥칼국수, 강원도의 장칼국수, 충청도의 얼큰이 칼국수 등이 그것이다.

칼국수의 사전식 정의는 '밀가루를 반죽하여 홍두깨 같은 방망이로 얇게 밀고, 칼로 가늘게 썰어 만든 면을 육수나 장국 등에 끓여서 먹는 음식'이다. 특히 겨울을 나는 서민들의 따뜻한 한 끼 식사로, 쫄깃한 면발과 뜨끈한 육수가 일품인 정겨운 토속 음식이다.

조선 시대 가장 오래된 한글조리서인 『규곤시의방』에 '절면(切麵)'이라는 명칭으로 칼국수는 처음 등장한다. 당시 칼국수의 주

수더분하면서도 먹음직한 시장칼국수. 이른바 '기본 칼국수' 스타일이다.

재료는 메밀가루였다. 밀가루는 점성을 더하기 위해 섞어서 쓴 것으로 보인다. 그 시절 밀가루는 매우 귀한 식재료였기에 그렇다.

밀은 주로 추운 지방에서 재배되는 곡식이라, 우리나라 기후에서는 대량 재배가 어려웠다. 송나라 사신 서긍이 쓴 『고려도경』에서는 '고려에는 밀이 적기 때문에 화북에서 수입하고 있다. 따라서 밀가루의 값이 매우 비싸 성례(成禮) 때가 아니면 먹지 않는다'라고 기술했다. 이런 이유로 예부터 칼국수를 비롯한 밀가루 음식은 여름철 별식이었다. 음력 6월 전후가 밀 수확기이기 때문이다. 밀을 수확한 후 여름철 별미로 마을 사람들과 나눠 먹던 음식이 칼국수다. 칼국수에 애호박이나 감자, 쑥갓 등속을 고명으로 올리는 것도 그즈음 많이 나는 식재료여서 그렇다.

이렇게 여름 전후의 계절 음식인 칼국수가 사시사철 즐겨 찾는 대중음식이 된 것은 한국전쟁 뒤부터이다. 당시 외국에서 보내준 구호물자로 밀가루가 우리나라에 대량 들어오면서, 국수와 칼국수, 수제비 등 밀가루를 재료로 한 음식이 서민 음식으로 널리 보급된다. 특히 부산에서는 구포국수를 비롯하여 '밀가루 냉면'인 밀면이 발달한 것만 봐도 밀가루 활용도가 높았다고 볼 수 있다. 당시 유행한 '삯국수'도 배급받던 밀가루를 일정량 삯으로 내고, 밥 대신 주식으로 삼았던 국수를, 국수공장에서 뽑아 먹었던 것에서 유래를 찾아볼 수 있다.

밀가루 음식이 서민 음식으로 자리 잡으면서 시장에서도 자연스럽게 한자리를 차지하게 된다. 시장은 서민들에게 가장 친근한 생활경제공간. 이곳에서 많은 이들이 활발한 경제활동을 하는데, '금강산도 식후경'이라 잠시 짬을 내 끼니를 때우는 밀가루 음식이 다수 발달한다.

그 대표적인 음식이 '시장칼국수'이다. 큰 대접에 한 고봉 채워주는 뜨끈한 시장칼국수는, 싸고 오래도록 든든해 시장 사람들에게 큰 인기를 끌었다. 특히 부산의 시장에는 칼국수 집이 없는 곳이 거의 없다. 어떤 시장은 칼국수 집을 중심으로 장이 형성될 정도이다. 그래서 시장칼국수는 시장의 정겨움이 살아 있는 음식이다. 좁은 가게 안, 목로 의자에 낯선 이들과 어깨를 부딪치며 한 젓가락씩 후후 불어 먹는 음식이다. 칼국수 한 그릇 먹고 나면 서로가 이웃이 되고, 함께 밥을 먹은 식구가 되는 것이다.

부산 영주시장과 서면시장은 40~50년을 훌쩍 넘긴 시장칼국수 집들을 중심으로 시장이 형성되어 있는 곳이다. 조리법이라고 특별한 것은 없다. 잘 반죽한 밀가루를 넓게 펴고 무심한 듯 숭덩

숭덩 썰어 내는 것이 시장칼국수의 특징이다. 그래서 일반 칼국수보다 면발이 굵고 통통하다.

면의 굵기가 들쭉날쭉하여 식감이 다양하므로 씹는 재미도 꽤 있다. 굵은 면발은 쫀득쫀득하고, 얇은 면발은 부드럽게 목을 타고 넘어간다. 특히 멸치, 밴댕이를 섞어 우려낸 육수는 시원하면서도 짙고, 구수하면서도 감칠맛이 돌아 최고의 국물 맛을 선사한다. 술을 마시고 난 다음 날, 심한 숙취를 시원하게 가셔주는 해장용으로도 손색이 없다.

부산의 시장칼국수 세계에는 시장마다 기본 칼국수와 함께 짝을 이루는 칼국수가 있다. 대표적인 메뉴가 비빔칼국수. 중국음식점의 '짜장면과 짬뽕' 관계이다. 계절에 따라 냉칼국수와 콩칼국수도 따라붙는다. 이들이 보편적인 시장칼국수의 주 메뉴이다.

여기에다, 부산의 시장칼국수에는 시장별로, 지역별로 특화된 칼국수들이 더 있다. 기본 칼국수 외에 해물을 듬뿍 넣은 '해물칼국수', 걸쭉한 짜장소스를 얹어 비벼 먹는 '짜장칼국수(일명 칼짜장)', 팥을 진하게 쑨 팥물에 칼국수를 넣고 끓인 '팥칼국수', 칼국수와 당면을 함께 섞어 식감을 최대화한 '당면칼국수' 등.

'해물칼국수'는 풍부한 수산물이 나는 지역의 특색을 반영하고, '짜장칼국수'는 화교들의 부산 정착에 영향을 받아 유독 짜장면을 좋아하던 부산 사람들의 식성을 대변한다. '팥칼국수'는 전라도 지역의 향토 음식으로, 부산의 산업화 과정 속에서 전라도 출신의 노동 인력이 대거 부산에 정착하면서부터 형성된 음식이다.

그중 지역별로 특화된 시장칼국수를 꼽자면, 온천장·초량의 '짜장칼국수', 영도의 '팥칼국수', 서면의 '당면칼국수' 등을 들 수 있다.

부산은 '짜장면의 도시'라 할 정도로 중국음식을 흔히 접할 수 있고 시민도 좋아한다. 그만큼 중국음식 노출 빈도가 높은 도시이다. 특히 짜장면은 첫 손가락에 꼽히는 중국음식계의 소울푸드이다. 거의 한 집 건너 중국음식점이 있다고 해도 좋을 정도이다. 특히 호주머니 가벼운 젊은 청춘들의 짜장면 사랑은 짜장면보다 비교적 값은 싸고 양은 많은 '짜장칼국수'를 탄생시키는 데 지대한 공헌을 했다. 칼국수 특유의 깔끔한 맛과 짜장 소스 특유의 맛과 잘 어우러진다.

빛깔이 탐스러운 팥칼국수

영도에서 유독 '팥칼국수'가 발달한 것은 전라도 사람들의 이주 역사와 궤를 같이 한다. 일자리를 찾아 부산에 정착한 전라도 사람들이 영도와 그 주변에 많이 모여 살기 시작하면서부터 이들이 고향 음식을 함께 나눠 먹다가 시장을 중심으로 팥칼국수를 하나둘 팔게 된다.

서면의 시장통으로 나간다. 시장 한구석에서 당면칼국수 한 그릇 시킨다. 김이 모락모락 나는 칼국수가 식탁에 놓인다. 구수한 멸칫국물 냄새와 참기름이 조금 들어간 양념장 냄새, 향긋한 파 냄새가 어우러져 입안에 군침이 맴을 돈다.

한 젓가락 집어 올려 입에 넣으니, 뜨거운 열기가 얼굴에 와 닿는데, 겨울 음식으로 손색이 없다. 한 입 크게 먹으니 칼국수 면발과 당면이 어우러지면서 쫄깃쫄깃 꼬들꼬들 씹는 맛이 여간 재미난 것이 아니다. 국물을 그릇째 들고 후후 불어대며 마신다. 뜨거운 국물이 목을 타고 넘어가며 오히려 시원함이 돈다. 멸칫국물의 깊고 진한 맛을 보다 보면, 어느새 이마와 목덜미에 송글송글 땀이 맺혀 있다.

넉넉하고 정성스런 부산 아지매들 손맛이 물씬 느껴지는 음식, 시장칼국수. 겨울이 오면 싸고 맛있는 시장칼국수 한 그릇으로 춥고 허기진 배를 달래보는 것도 좋은 일이겠다.

진주냉면, 의령소바

경남의 메밀 음식을 찾아서

비가 내린다. 장마가 시작되는 모양이다. 장마 때면 유독 사람 마음이 간사해진다. 후덥지근한 기온 탓에 시원한 것을 먹고 싶다가도, 습도가 높아 불쾌지수가 올라가면 뜨끈뜨끈한 국물 음식이 당기기도 한다.

이럴 때 안성맞춤이 메밀로 만든 음식이다. 메밀은 찬 성질을 가진 곡물로 인체의 열을 내려주는 역할을 한다. 그러하기에 메밀 음식을 적당히 먹으면 여름을 시원하고 건강하게 나는 데 도움이 된다. 그 대표적인 것이 우리 '민족음식'이자 북한의 '국민음식'으로 사랑받는 냉면이 있고, 강원도 향토음식 막국수와 메밀전병, 메밀전, 여름철 즐겨 먹는 메밀국수류 등이 있겠다. 부산에는 발국수, 모밀국수라고 부르는 일본의 자루소바가 여름철 별미로 꼽힌다.

메밀은 흉년이 들 때를 대비해 구황작물로도 널리 재배됐다. 주로 함경도나 강원도 등지의 거친 땅이나 산간에서 재배되는데,

추위 속에서도 비교적 잘 자라고 파종과 수확 사이 기간이 짧아, 많은 이의 시장기를 덜어준 고마운 곡식이기도 했다.

때문에 자급자족이 어렵거나 흉년이 두려웠던 시절 우리나라 어디에서든 메밀을 재배했다. 한때 서부 경남의 산간지역에서도 이 메밀을 재배했는데, 이를 증명이나 하듯 진주에서는 냉면을, 의령에서는 메밀국수를 오래전부터 먹어왔다고 지역민들은 전한다.

'진주냉면'은 '교방음식문화의 꽃'으로 불리며 고급 음식으로 여겨졌고, '의령소바'는 서민의 음식으로 시작해 발전한다. 비록 두 음식의 태생은 조금씩 다르지만 메밀을 식재료로 한 음식으로, 현재는 그 지역 대표 향토음식으로 자리매김했다는 공통점이 있겠다. 이러나저러나 장맛비가 시작되어 후덥지근한 날, 종일 내리는 빗속에서 서부경남의 메밀 음식을 찾으러 휘적휘적 길을 나선다. 진주의 냉면과 의령의 소바를 함께 만나볼 심산인 것이다.

진주는 경상남도의 유서 깊은 도시다. 조선 시대에는 진주목(晋州牧)이 소재했던 경남의 행정, 군사, 문화 중심지였다. 그런 연유로 기생을 교육하고 관리하는 교방청(敎坊廳)이 설치됐고, 교방청에서 비롯된 교방문화가 현재 진주 전통문화의 맥을 이어오고 있다.

그중 하나가 교방음식 문화인데, 조선 시대에는 어명을 받든 관리가 한양에서 내려오면 이들을 접대하기 위한 연회가 베풀어

지곤 했다. 이때 기생들의 가무와 함께 진주 교방청의 연회음식이 화려하게 펼쳐졌다. 그 중심에 섰던 음식이 '칠보화반(七寶花飯)', '꽃밥'이라 일컫는 '진주비빔밥', 해물 육수향이 진한 '진주냉면'이었다.

당시 '북에 평양기생, 남에 진주기생'이라 할 정도로 진주 교방청 소속 기생은 가무와 미색이 뛰어났고 교방의 음식은 화려했다고 한다. 그중 '진주냉면'은 평양냉면과 더불어 쌍벽을 이루던 음식. 그래서 '북에는 평양냉면, 남에는 진주냉면'이라는 말이 회자되기도 했다.

일제강점기에 일제에 의해 교방청이 해체되자 민간 기생조합인 권번이 들어서면서, 교방청 음식을 담당하던 요리사인 숙수가 일반인에게도 진주냉면을 제공하게 되는데, 당시 기생과 지역 권력가, 재력가들이 야참으로 즐겨 먹던 음식 중 하나였다. 이렇게 진주냉면은 대중화 과정을 거치다가 1960년대 들어서는 진주 향토음식으로 자리 잡게 된다. 그러나 진주 중앙공설시장의 화재로 인해 시장 주변에 집단화돼 있던 냉면집들이 거의 소실돼 버리고 그 명맥이 끊기게 되는데, 이후 2000년대에 들어 진주시에 의해 향토음식으로 다시 복원되어 오늘에 이르고 있다.

진주냉면의 대표 격인 곳에 들어선다. 장맛비 속에서도 냉면을 먹는 손님으로 가게 안은 북새통을 이룬다. '물냉면'과 '비빔냉면'을 주문한다. 진주냉면은 소고기육수나 동치미육수를 쓰는 평양냉면과 달리, 주로 해물을 이용한 육수를 쓴다는 점에서 크게 구분된다. 진주냉면은 메밀과 고구마 전분을 일정량 배합하여 면을 뽑고, 멸치, 명태 대가리, '디포리(밴댕이)', 건새우, 건홍합, 다시마 등 해물로 육수를 낸다. 고명으로는 배, 오이, 계란 지단, 편육과 함께 계란을 입혀 지져낸 소고기 육전을 잘게 채 썰어 넉넉히 올리는 것이 특징이다.

지역 사람들은 "달걀옷을 입혀 부친 육전의 고소한 맛이 시원하고 진한 해물육수와 어우러져 면과 함께 곁들여 먹으면 평양냉면과는 다른 특별한 맛을 볼 수가 있다"고 한다. 그러나 해물육수는 전반적으로 간이 세고 진하다. 그리고 육전의 기름기가 육수에 흘러 들어가 자칫하면 느끼할 수도 있겠다. 그래서 육전은 다른 그릇에 따로 두었다가 면을 먹을 때에 곁들이면 좋겠고, 육수에는 약간의 식초와 겨자를 넣어 먹으면 훨씬 개운하고 은근한 진주냉면을 맛볼 수 있겠다.

진주냉면은 해물로 육수를 내고
소고기 육전을 넉넉히 올린 것이 특징이다.
비빔냉면과 물냉면(왼쪽부터)

진주를 떠나 의령으로 향한다. '의령소바'는 음식 이름 그대로, 의령의 일본식 메밀국수이다. 해방 이후 일본에서 의령으로 돌아온 귀환 동포 여인이 먹을 것이 마땅찮은 마을 사람들에게 일본의 소바를 우리 식으로 팔았던 것이 지금에 이르고 있다.

의령에는 의령전통시장을 중심으로 네 집 정도의 유명한 소바집이 영업하고 있는데, 휴일만 되면 이 소바 한 그릇을 먹기 위해 전국 각지에서 식도락가들이 몰리는 진풍경을 연출하고 있다. 현지 주민이 많이 찾는 소바집에 들어선다. 기존 '온소바', '냉소바', '비빔소바'에 최근 비빔소바에 냉육수를 자작하게 부어 넣은 '섞어소바'까지 가세했다. 원래 의령소바의 원형은 뜨거운 멸치장국에 말아 먹는 온소바. 온소바를 주문한다.

김이 솔솔 나는 온소바 위에 결대로 잘게 찢은 소고기 장조림과 시금치, 채 썬 파가 고명으로 단출하게 올려지고, 약간의 고춧가루가 식욕을 더한다. 종업원이 "온소바는 빨리 퍼지니까 어서 드시라"고 채근이다. 밀가루의 배합이 조금 높은가 보다.

뜨끈한 육수를 한 모금 마신다. 멸치육수의 개운함과 온몸으로 퍼지는 온기가, 높은 습도

뜨끈한 멸치장국에 면을
말아 소고기 장조림, 시금치, 파,
고춧가루를 곁들인 의령소바

의 날씨에 나쁘지 않다. 후루룩~! 한 젓가락 크게 입에 넣는다. 매끄러운 면이 입안에서 살살 감긴다. 쫀득하면서도 부드럽게 씹히는 것이 편안하다. 고명으로 올린 시금치와 함께 먹어본다. 씹을수록 메밀 면은 고소해지고 고명의 시금치는 특유의 흙내를 슬슬 풍겨 묘하게 어울린다. 가게 밖에는 장맛비가 추적추적 내리는데, 이 또한 잘 어울려 참 좋다. 잘게 찢은 장조림과도 함께 맛본다. 담박한 국수에 짭조름한 장조림의 조합도 꽤 괜찮다. 뜨끈한 소바 국물을 다시 한번 들이켜곤 그릇을 비운다.

오랜만의 장맛비 속 메밀 음식 기행. 비 오는 날, 막걸리에 빈대떡, 파전만큼이나 흔쾌한 조합이다. 부산으로 오는 길. 여름음식, '부산의 밀면'이 새삼스레 떠오른다. 그래, '음식은 그 지역의 역사와 지역 사람의 기질을 담는 그릇'이라는 점, 여름 장맛비 속에서 새삼 느끼게 된다.

김칫국

모자람 없이 넉넉했던 그 시절의 기억

어쩌면 이렇게 끝 갈 데 없이 깊고 시원한 맛을 낼 수 있을까? 뜨거우면서도 시원하고 진하면서도 개운하다. 묵직하면서도 활달하고 얼큰하면서도 담박하다. 한 술 한 술 국물 뜰 때마다 입안이 넉넉해지고, 속이 뜨겁게 환해진다. 뜨거운 김칫국 한 사발 들이켜는 장면이다.

40여 년 전 이쪽저쪽, 집안 어른께서 과음하신 다음 날, 어김없이 밥상에 올라오던 국이 있었으니, 바로 김칫국이었다. 가끔 '재첩국아지매'에게서 산 재첩국도 올랐지만, 거의가 시큼하면서도 벌건 국물의 뜨거운 김칫국이 어른의 해장을 도왔다.

단출한 살림을 사시던 어머니로서는 남편 해장을 위해 따로 비용이 들지 않으면서도, 쉽게 만들어 올릴 수 있었던 데다, 해장의 효과마저 좋았으니, 일석삼조의 해장국이었다. 어린 자식들도 저도 모르게 그 김칫국에 입맛이 들었던 시절이었다.

요즘도 숙취가 심할 때면 걸쭉한 김칫국에 밥 한 술 말아 훌훌

김칫국과 해초 반찬을 곁들인 상차림

국물을 들이마시는 것이 나름의 해장 방법이다. 그러면 몸이 한결 시원하게 풀리는 것을 느낀다. 대를 이은 술꾼 내력이기도 하거니와 배고픈 시절의 부산 사람이었음을 새삼 확인케 하는 일이기도 하다.

당시 부산 사람 밥상에 빠지지 않던 음식 중 하나가 김칫국이었다. 그 시절 가장 기본적이고 흔한 반찬이 김치였으니 말이다. 그래서 부산 서민의 어린 시절 추억 한 덩이씩을 진득하게 담아두고 있는 음식이 김칫국과 김치국밥이다.

김치만큼 우리 민족을 확실히 대표하는 음식이 있을까? 세계에서도 유래가 드물게 식물성 재료와 동물성 재료가 잘 어우러져 발효된 저장음식으로, 각양각색 재료와 다양한 저장방법으로 그 종류만도 수백여 가지에 이른다. 우리 민족의 음식문화를 합리적으로 반영하기에, 김치를 담는 '김장문화'가 유네스코 세계

문화유산으로 등재되기도 했다.

그만큼 김치는 다양한 재료와 담그는 방법이 변화무쌍하고, 각각 김치마다 고유의 맛깔이 달라 무궁무진한 '맛의 대향연'을 펼친다. 김치는 우리 음식에서 기본이자 정점이기도 하거니와, 다양한 식재료 및 음식이 어우러지는 베이스가 되기도 한다.

밥과 섞어 김치국밥, 김치볶음밥, 김치갱죽…. 국으로 끓여 내며 복어김칫국, 곰치국, 미역김칫국, 까시리김칫국, 콩나물김칫국, 두부김칫국…. 김치찌개도 마찬가지다. 꽁치김치찌개, 돼지김치찌개, 참치김치찌개, 동태김치찌개….

묵은지를 돼지고기와 함께 푹 익혀내는 김치찜에다 명태코다리와 함께 쪄낸 코다리김치찜, 기름에 달달 볶은 김치를 두부와 곁들여 먹는 두부김치, 돼지수육과 굴 등을 함께 먹는 김치보쌈, 김치전골과 김치감자탕, 김치닭볶음탕, 김치어묵탕…. 면과 함께 먹는 김치국수, 김치칼국수, 김치수제비, 김치라면…. 간식으로 김치전, 김치만두, 김치떡볶이….

그중에 우리 부산에서 즐겨 먹는 김치 음식이 있는데, 대표적인 것이 김칫국이다. 예부터 부산은 탕보다 국을, 진한 국물보다 맑고 시원한 국물을 즐겨 먹었다. 지금은 그 선호도가 희석됐지만, 김치로 국물을 낸 음식도 찌개보다는 국을 선호했다. 그래서 오래전부터 부산에서는 다양한 김칫국을 만들어 해장국 대용으로 즐겨 먹었다.

특히 부산은 바다와 접한 지리적 특성으로 생선이나 해초를 함께 넣고 끓여낸 김칫국을 즐겼다. 밀복김칫국, 까시리김칫국,

몰김칫국 등이다. 이 김칫국들은 김치의 진하면서 구수한 감칠맛과 생선, 해초에서 배어 나오는 개운하고 정갈한 맛이 어우러져 최고의 '여운'을 남긴다.

모든 것이 부족하던 시절, 적은 밥으로 많은 식구가 끼니를 해결해야 했을 때 김칫국에 밥과 국수, 수제비 등을 넣고 양을 늘려 먹었던 음식이 김치국밥이다. 경북 지역의 갱죽(국시기), 갱시기 등이 대표적인 사례다. 그러나 갱죽은 국물이 거의 없이 걸쭉한 죽의 형태라면, 부산의 김치국밥은 상대적으로 맑은 국물이 모자람 없이 넉넉하다.

더구나 부산의 김치국밥은 김칫국에 생선이나 해초를 넣어 밥과 함께 끓여냈기에, 그 시원함은 두세 배 깊어지고 감칠맛은 더더욱 넓어진다. 부산 사람들 입맛에 맞는 개운한 김치국밥인 것이다.

기장 일광 학리에 가면 밀복김치국밥을 맛볼 수 있다. 학리에서는 겨울마다 특산물인 밀복을 장만해 김치, 콩나물 등을 넣고 밥과 수제비 그리고 기장의 해초 까시리를 넣어 밀복김치국밥을 걸쭉하게 끓여 먹는다. 밀복 조업 중 배고플 때 배

부산 기장군의 특미
밀복김치국밥

위에서 간단하게 해 먹던 음식으로, 뱃사람의 고된 삶이 깃든 노동음식이기도 하다.

미역이나 김, 몰, 까시리 등 해초와 함께 김치국밥을 해 먹기도 하는데, 해초김칫국은 한 숟갈 두 숟갈 후루룩 후루룩 떠먹다 보면 어느새 시원하게 해장이 되는 게 특징이다. 먹을수록 깊은 맛이 더욱 깊어지고 개운해진다. 땡초의 맵싸함도 좋고 같이 들어간 해초의 오돌오돌한 식감 또한 좋다. 시원한 김칫국으로 속을 풀고 난 뒤 밥 두어 숟갈 말아 먹으면 이 또한 좋다. 쌀에 있는 전분이 풀어져 국물이 걸쭉하고 뻑뻑해지는데, 이를 한 숟갈 떠먹으면 속이 또 그렇게 편해지는 것이다.

김치국밥에는 배고프던 시절의 그리운 어머니 손맛이 고스란히 담겨 있다. 어린 시절 가족의 길고 긴 겨울밤 출출함에 어머니께서는 김치 한 포기 숭숭 썰어 김치국밥을 끓여주시는 데 인색지 않으셨다.

덕분에 우리 3남매는 큰 양푼에 가득 끓인 김치국밥을 옹기종기 둘러앉아 맛있게들 뚝딱뚝딱 퍼먹었다. 그 시절 어머니의 김치국밥은 우리에게는 최고의 밤참이자 별식이었고 어머니께서 주시는 든든한 사랑이었다. 어머니의 김치국밥을 먹고 아랫목에서 한나절 땀을 흘리고 나면, 이상하리만큼 몸이 가벼워지면서 감기가 떨어지기도 했다. 때문에 우리에게 김치국밥은 어머니께서 주시는 민간요법이고, 감기로 고생하는 자식들에게 내미는 자애로운 손길이었다.

이제는 부산에서도 찾아 먹기 힘든 음식이 된 김칫국과 김치

보기에도 먹음직한 김치국수. 해장국 구실까지 했던 추억의 음식이다.

국밥. 시원하고 감칠맛 도는 넉넉한 김칫국과 김치국밥은 우리 부산 고유의 음식 중 하나다. 특히 복어나 물메기 등 생선과 함께 끓인 생선김칫국이나 미역, 몰, 까시리 등 해초와 함께 끓인 해초김칫국 등은 우리 지역의 식재료와 어우러지는 음식이라, 다른 지역과 차별화되는 향토음식이라 할 수 있겠다.

시래기와 시락국

팔팔 끓는 시락국에 밥 한 덩이 척

서민들에게는 친숙하면서 추억이 담뿍 담긴 음식, 시락국. 시락국은 비교적 싼 가격에 먹을 수 있으면서, 영양가 또한 담보되는 음식이다. 때문에 오래전부터 가난한 이들에게는 친구처럼 편안한 음식이기도 했다.

부산에서 시락국은 으레 시장의 허름한 백반집이나 시락국밥집에서 흔하게 접할 수 있던 음식이었다. 시장에 지천으로 나뒹구는 배추 겉잎이나 값싼 얼갈이, 한때 내버리던 무청 등을 걷어다, 멸치육수에 된장 묽게 풀고 미리 데친 시래기를 넣어 끓여내면 시락국이 되었다. 원래 '시락'은 시래기의 경상도 말.

이 시락국을 한 솥 끓여놓고, 오는 사람 가는 사람 국밥으로 말아주고, 새벽 상인들 뜨끈한 해장술국으로 내어주고, 시장을 찾는 서민들 가벼운 호주머니 사정에 맞는 백반의 토장국으로도 제공했던 것이다.

시래기는 가을 무청을 한 묶음씩 짚으로 묶어 말려놓았다가 겨우내 필요할 때마다 조리해 먹던 식재료로, 전국 어디에서나 구할 수 있는 흔하면서도 부담 없는 서민들의 식재료였다. 특별히 재료가 필요하지 않고, 조리하는 방법도 비교적 간단하기에, 시래기로 밥을 지으면 시래기밥이 되고, 죽을 쑤면 시래기죽이 되었다. 이렇게 국과 찌개, 나물 등 시래기만 있으면 다양한 '시래기 음식'을 만들어 먹을 수가 있었다.

무청 시래기

나물과 죽은 구수한 맛을, 국이나 찌개는 깊고 시원한 국물 맛을 낸다. 시래기밥 또한 풍미가 좋아 요즘 별미의 건강음식으로 꼽히고 있다. 시래깃국은 지역마다 육수를 달리 하고 있어 특별하다. 부산경남의 해안지방은 멸치와 장어로 육수를 내고, 경상도 내륙지방은 돼지고기로 육수를 낸다. 중부지방에는 소고기로 육수를 내기도 한다. 최근에는 삶은 시래기를 된장에 버무려 냉동시켜 놓으면 언제라도 가정에서 쉽게 조리해 먹을 수도 있다.

부산에는 이 시래기의 식재료가 크게 세 가지로 나뉜다. 무청과 배추 겉잎, 얼갈이배추 등이 그것이다. 특별하게 영도지역에는 시래기와 함께 해안가에 지천이던 곰피를 활용해 시락국을 끓이기도 했다.

원래는 말린 무청으로 끓여내던 시락국이, 무청이 비싸지면서 기존의 식재료 대신 쉬 구할 수 있는 식재료로 대체해 활용하게 된 것. 이는 구하기 쉽고 싼 가격에 마련할 수 있는 '대체 식재료'를 활용하는 부산의 특별한 음식조리문화에서 기인한 것이라 추측된다.

시래기 중 무청은 식이섬유가 많아 식감이 풍부하고 뒷맛이 진하고 깊다. 배추 겉잎은 적당한 식감에 적당히 고소하면서 시래기와 국물 맛이 서로 조화롭고 정제되어 있다. 얼갈이는 부드러운 식감에다 국물이 편안하고 깔끔해 뒷맛이 좋다. 때문에 지금은 각각의 특징들을 살린 다양한 시락국을 맛볼 수 있게 되었다.

육수는 멸치를 쓰기도 하고 장어 등을 고아서 쓰기도 한다. 들깨가루를 쓰는가 하면 산초를 듬뿍 뿌려 먹기도 한다. 양념도 먹는 이의 입맛에 맞춰 다진 청양고추와 마늘, 소금, 고춧가루, 산초가루 등을 넣어 먹을 수 있는 것이 부산의 시락국이다. 이마저도 '이주민의 도시' 부산이기에 다양한 지역에서 정착한 사람들의 입맛을 모두 수렴하는, 부산만의 '식문화 풍속'에서 기인한다.

어떻게 먹느냐에 따라 다양한 음식으로 변주되는 음식 또한 시락국이다. 국밥으로, 술국으로, 해장국으로, 산초 듬뿍 넣으면 추어탕식 음식이 됐다가, 된장을 많이 풀면 토장국이 되기도 하고, 장어로 육수를 내면 장어탕이, 돼지고기를 숭덩숭덩 썰어 넣으면 돼지찌개처럼 되기도 하는 것이 시락국이다.

시락국밥은 서민들을 위한 가장 대표적인 '슬로푸드'이자 '패

무청시락국과 배추시락국 밥상

스트푸드'이다. 시락국의 주재료인 시래기는 무청이나 배추 겉잎 등을 겨울바람과 햇볕에 천천히 말려야 그 맛이 웅숭깊어진다. 육수에 풀어 넣는 된장은 또 어떠한가? 오랜 세월 장독에서 숙성과 숙성을 거듭하며 길고 긴 발효과정을 거쳐야만 비로소 제맛을 낸다. 가히 오랜 세월이 빚어야만 제대로 된 음식이 되는 음식이 시락국이다.

그러나 어느 시장 어느 식당에 가든 주문과 함께 바로 먹을 수 있는 음식 또한 시락국밥이다. 솥에서 한창 끓고 있는 시락국에 밥 한 덩이 척 말기만 하면 바로 먹을 수 있기 때문이다. 반찬도 소박하다. 깍두기나 김치 한 보시기면 된다. 그러하기에 가장 정성스런 음식이면서 가장 보편적인 음식이기도 하겠다.

대학생 시절 시장 구석빼기에서 공짜 시락국에 막걸리 한 잔 들이켜던 시절이 있었다. 우리는 늘 가난했고, 그런 우리를 시락국집 할매는 빈 시락국 그릇을 계속 채워주는 것으로 우리를 이해했다. 민주주의니, 독재정권이니 하면서 울분을 토하던 시절, 막걸리 한 잔과 시락국 한 그릇에 시대의 정신이 형형하게 빛났던 것이다.

몇 년의 서울생활을 마치고 귀향하던 날, 추적추적 궂은비가 내렸다. 심신이 꿉꿉하던 차에 역전 작은 식당에서 낯익게 구수한 냄새가 나는 것이다. 식당 문 앞에 큰 솥을 걸어놓았는데, 시락국이 슬슬 끓고 있는 것이 아닌가? 아~! 부산에 도착했구나! 갑자기 울컥해지는 마음을 추스리느라, 한참을 시락국이 끓는 솥 앞에 서 있었던 기억이 있다.

이렇듯 시락국은 부산 사람들의 추억을 소환하는 마음의 음식이었다. 어린 시절 밥이 모자라면 어머니들은 시락국에 밥을 말아 국밥을 끓여주셨다. 그 국밥에 무김치 하나 입에 물면 그나마 감지덕지했던 시절이었다.

겨우내 '얼렸다 녹였다'를 반복하며 잘 말린 시래기에, 촌 된장으로 바글바글 끓여낸 시락국. 국물 한 술 뜨면 부드러우면서 구수한 국물이 참~ 소박하고 담박했다. 멸치장국으로 맛을 내 시원하고 깔끔함 또한 여느 국과 비할 바가 없었다.

국에 밥을 말아 한 술 뜨면, 부드러운 목 넘김에 세상의 갑갑함 또한 시원하게 풀렸다. 이마에 땀이 송골송골 맺힐 때쯤이면 입안은 입가심하듯 개운해지고, 뱃속은 편안하고 든든해지는 것이다.

시래기에는 항산화효과가 있는 비타민C와 뼈에 좋은 칼슘, 혈압 조절에 유효한 칼륨도 풍부하다. 식이섬유가 많아 변비를 예방하고, 혈중 콜레스테롤 수치를 낮추며, 몸 안의 독소와 노폐물을 배출시키는 효과도 있다.

그러하기에 '시락국'은 한겨울 부족한 영양소를 충분히 보충해주고, 으슬으슬한 심신 또한 따끈하게 지져주는 음식이다. 뜨거운 시락국 한 모금으로 겨울의 아침이 환하게 밝아오고, 시락국 두 모금으로 온몸이 온통 따뜻하게 풀려나는, 부산의 정겨운 겨울음식이기도 하다.

홍합(담치)

찬바람 불면 생각나는 포장마차의 밤

홍합은 서민들이 즐겨 먹는 음식 중 하나이면서, 싸고 영양가가 높아 사람들에게 널리 사랑받던 식재료였다. 해안 여느 바위틈에서나 흔히 볼 수 있는 홍합은 바닷가 사람들에게는 손쉽게 구할 수 있으면서도 다양한 음식으로 활용되던 찬거리이기도 했다. 때문에 보릿고개 시절을 어렵게 나던 그들에게는 고맙고도 기꺼운 식재료였다.

홍합은 우리나라 전 연안에 다량 분포하는 조개류로 바닷가 암초 지대에 널리 서식하는데, 접착성이 강한 족사(足絲)를 이용해 바위에 다닥다닥 붙어 군집을 이루고 산다. 껍질이 붉은색을 띠기에 '홍합'이라 하며 지방에 따라 열합, 합자, 강원도 쪽에서는 '섭'이라고 불리기도 한다. 삶거나 쪄서 말린 것을 담채(淡菜)라고 하여 구한말에는 중국으로 수출하기도 했다.

옛날에는 국으로 끓여 먹거나 찜으로 만들어 먹기도 하고, 쪄

우리나라 토종인 참담치(일명 오배기). 홍합은 부산에서 담치로 불리며, 싸고 영양가가 높아 서민들에게 널리 사랑받은 식재료이자 소주 한 잔의 친구로 더할 나위 없는 안주다.

서 말린 것은 제사상의 탕국이나 산적으로도 이용했다. 이외에도 밥이나 죽, 찜, 부침개, 포장마차 안주 등으로도 활용했던 '밥상 위의 팔방미인'이었다.

홍합은 크게 나누어 우리나라 토종인 '참담치(일명 오배기)'와 '진주담치'로 분류된다. 참담치는 주로 자연산을 채취하였으나, 남해 일부 지역에서 양식을 시작하여 최근에는 연간 5000t 정도를 생산하고 있다고 한다.

외래종인 '진주담치'는 수하식 굴 양식장에서 번식하던 골치 아픈 해적생물이었는데, 이후 맛이 좋아 식용으로 이용되면서 현재는 굴 다음 가는 주요 양식 품종 중 하나가 되었다. 국물이 시원해 다양한 해물 요리에 활용되고 있다.

이 홍합을 부산에서는 '담치'라 불렀는데, 어려웠던 시절 구황식품으로 활용되던 식재료였다. 없는 살림의 밥상에는 늘 담치살 넉넉히 넣은 밥에 담치국 한 그릇이면 기꺼웠는데, 달큰한 감칠맛과 함께 향긋한 바다 냄새가 감도는 '담치 밥상' 한 그릇이면 배도 불뚝 일어서고 반나절은 그저 든든했었다.

가족이 아플 때면 집안의 어머니들은 토종 담치인 '오배기'를 칼로 정성스레 다져 참기름에 노릇하게 볶다가 쌀을 넣고 '담치죽'을 만들어 주셨다. 고소한 맛에 한 그릇 '뚝딱' 하고 나면 마음만은 금방이라도 툭툭 털고 일어날 것만 같았다. 그만큼 깔깔한 입맛을 살려주는 짙은 해감 냄새가 풍성하던 음식이었다.

그뿐인가? 바다 마을의 아이들은 늘 배가 고팠다. 바닷가에서 천둥벌거숭이로 뛰어놀다 출출하면 갯바위 주위에 흔히 있던 고둥이나 담치를 구워 먹거나 삶아 먹곤 했다. 바닷물에서 바로 구하여 먹었기에 짭짤하면서도 진하고 고소함이 남다른 추억의 별미였다.

호주머니 가볍던 청년 시절, 포장마차의 소주 안주는 늘 '담치국'이었다. 포장마차 맨 중앙에 담치를 담은 큰 솥이 걸려 있었는데, 김이 설설 끓어오르는 '담치국물 한 사발에 소주 한 잔'이면 세상 부러운 것 하나 없었다.

부산·경남지역에서는 제례 행할 때 올리는 '탕국'에도 꼭 들어가야 하는 식재료였는데, 말린 담치를 넣고 끓인 탕국은 시원하면서도 맛이 진해 깊은 맛을 냈다. 그 때문에 담치를 넣은 탕국이 있어야 제삿밥도 맛있고, 음복에 가장 어울리는 술국으로도 한자

담치국과 담치밥

리를 차지했다.

부산에는 부침개에도 담치 살을 넣어 먹었다. 쪽파나 정구지 넣고 담치살 쫑쫑 다져 전으로 구우면 바다 향 그득한 부침개가 되었다. 콩나물을 삶아 양념하고 굴, 홍합 등을 푸짐하게 넣은 뒤, 전분 물에 슬슬 덖으면 얼큰하고 진한 '담치해물찜'을 맛볼 수도 있었다.

부산의 여느 해녀 촌에 가면 화목에 냄비를 걸고 담치를 삶아 담치국을 끓여준다. 해녀가 바다에서 직접 채취한 담치를 깨끗하게 손질하여 양파, 땡초를 넣고 한소끔 끓이면 통통하게 벌어진 담치국이 근사하게 상에 오르는 것이다. 특히 국물은 땡초의 알싸함 때문에 소주 안주로도 안성맞춤이다.

뽀얀 국물이 끝이 없을 정도로 시원한 담치국은, 또한 숙취를 풀어주는 대표적인 해장 요리 중 하나이기도 하다. 뜨거운 국물 한 대접 훌훌 둘러 마시면, 진하면서도 아릿한 담치 특유의 국물이 사람 속을 시원하게 씻어주는 것이다.

담치는 맛도 맛이거니와 그 효능도 꽤 든든하다. 칼슘, 칼륨, 비타민, 철분, 단백질 등 영양소가 풍부하다. 몸속에 축적된 나트륨을 배출하고 혈액순환을 촉진해, 여성의 빈혈이나 노화 방지 효과가 뛰어나다. 또한, 숙취 해소에 좋은 타우린 성분과 고지혈증 등 성인병에 좋은 불포화지방을 함유하고 있어 중년 남성에게도 안성맞춤인 식재료이다.

담치는 조리법도 간단해 집에서 만들어 먹기도 좋다. 담치를 껍데기째 잘 씻어 냄비에 넣고, 자작하게 물을 부은 후, 마늘, 양파, 고추 등 간단한 양념을 넣고 끓이다 소금으로 간을 맞추면 '담치국'이 되고, 담치 살을 다져 쌀과 함께 안치면 '담치밥'이, 죽을 끓일 때 넣으면 '담치죽'이 된다. 간단하면서도 고소하고 시원한 맛을 즐길 수 있다.

담치국으로 유명한 해녀 촌을 찾았다. 단골 해녀가 각종 해산물과 함께 시원하고 맵싸한 담치국 한 그릇을 내온다. 소주 한 잔에 담치 국물을 훌훌 불어 한 모금 들이켠다. 짜르르. 뜨거운 국물이 목을 타고 넘어간다. 진한 바다 냄새가 물씬 난다. 짭짤하고 달큼한 국물이 시원하기조차 하여 그저 흔쾌하고 기껍기만 하다.

속 알맹이가 탱글탱글 오동통한 담치 살을 맛본다. 부드러우면서도 약간의 쫀득거림이 있고, 살살 녹으면서도 탱탱한 식감이 느껴진다. 아릿한 조갯살의 향도 좋고, 진한 감칠맛의 풍부함 또한 그저 그만이다.

이렇게 담치국 한 그릇을 비우고 나니 온몸이 든든해진다. 겨울에 특히 잘 어울리는 음식이기에 '담치국 한 그릇에 소주 한 잔'이면, 사람의 마음을 따뜻하게 데워주고 풍성하게 채워주는 것이다.

값이 싸기에 서민들에게는 가장 만만한 식재료인 담치. 이제 겨울 초입으로 접어든다. 겨울바람에 몸이 움츠러들 때 가장 따뜻한 친구와 가까운 포장마차에 들르시라. 그리고 입김 호호 불며 소주 한잔 기울일 때, 뜨끈한 담치국에 소주 한 잔 하시라. 부드럽고 알진 담치는 쓴 소주 뒤끝을 짭짤하고 달콤하게 가셔주고, 뜨끈한 국물은 겨울 날씨 속 언 몸을 뜨겁게 지져줄 것이다.

영도 조내기 고구마와 빼때기죽

오랜 추억의 주전부리

죽 한 그릇이 식탁에 오른다. 까무잡잡한 것이 우선 보기에는 그리 먹음직스럽지는 않다. 한 수저 뜬다. 생각보다 첫맛이 근사하다. 우선 달콤한 고구마 향이 은은하게 오래도록 입가에 퍼진다. 진하지도 않고 연하지도 않은 은근함이 꽤 괜찮다. 또 한술 뜬다. 양대콩이 입안에서 앙금처럼 부드럽게 녹고, 혀 위에서는 좁쌀이 기분 좋게 사그락댄다. 씹을 때마다 건더기가 몽글몽글 달콤한 맛을 자아내기도 한다. 조금 거친 듯 가슬가슬한 식감도 좋다. 단맛이 도는데 너무 강하지 않고, 구수하기는 한데 혀를 온통 감아 도는 맛은 아니다. 달면서도 삼삼하고, 고소하면서 담담하다. 자세히 맛을 음미하니 '나는 건강한 음식입니다'라고 자랑하는 것만 같다. 입안에서 천천히 퍼지는 들큰함이 마음마저 푸근하게 한다.

통영시 항남동 강구안(통영항) 김밥거리. 충무김밥을 파는 가게들이 큰 골목을 이루고 있다. 이들은 몇 년 전부터 인근 섬의 고구마로 죽을 만들어 파는데 웰빙 바람을 타고 매출이 급증하는 큰 인기를 누린다. 일명 '고구마 빼때기죽'이다.

고구마를 얇게 썰어 바짝 말린 것을 '빼때기'라 하는데, 이 빼때기에 팥이나 콩 등 잡곡과 찹쌀 등을 섞어 죽을 쑨 음식이 '빼때기죽'이다. 고구마는 자칫 썩기 쉬워 겨우내 두고두고 양식으로 쓰려면, 잘 말려 광이나 항아리에 제대로 저장해야만 한다. 고구마를 며칠 말리다 보면 수분이 증발해 빼빼 말라 비틀어지는데, 이 상태를 '빼때기'라 하는 것이다. 춥고 배고팠던 시절, 구황음식이자 건강음식인 고구마로 서민은 겨울을 준비하고 연명해왔다. 한때 부산에서도 이 빼때기와 빼때기죽을 심심찮게 먹었다. 지금은 명맥이 끊어졌지만, 주로 영도 지역에서 삶은 고구마와 함께 빼때기죽을 겨울철 주식으로 삼았다.

창원의 박미정 시인은 "어릴 때 우리 또래는 늘 배가 고파 빼때기를 입에 물고 놀았어요. 요즘으로 치면 껌이나 사탕 대용이라 할 수도 있겠네요. 학교 갈 때도 도시락으로 고구마를 싸 가거나 호주머니에 빼때기 몇 개 넣고 다녔고요"라며 그 시절 고구마 추억담을 풀어낸다.

고구마 빼때기

필자도 어린 시절 영도에서 살았는데, 친구 집에서 놀다가 점심때가 되면 친구의 어머니께 빼때기죽을 얻어먹곤 했다. 사카린을 넣어 아리듯 다디단 빼때기죽의 강한 자극은, 아직까지도 생생하게 유년을 대표하는 음식으로 기억되고 있다.

그럼 왜 부산 영도 사람들은 고구마와 빼때기죽을 상식(常食)했을까? 조선통신사였던 조엄과 관련이 깊다. 1764년 영조 40년. 제11차 조선통신사 일행 472명이 일본으로 떠난다. 통신사 정사는 조엄. 경상도 관찰사, 동래부사 등을 지낸 이다. 조엄은 대마도에서 널리 재배되던 고구마를 눈여겨보고 이후 이를 들여와 동래와 영도에 재배케 한다. 고구마를 이 땅에 최초로 심은 일로, 영도는 우리나라 고구마의 시배지가 된다. 이는 굶주리는 백성을 향한 조엄의 애민의식에 기인했다. 척박한 땅의 백성에게는 더없이 좋은 구황작물이라 여겼던 것이다. 이후 동래부사로 부임한 강필리가 고구마 재배에 힘을 기울인 결과, 우리 풍토에 맞는 고구마 재배에 성공한다. 영도에서는 조엄 덕분에 널리 고구마로 허기를 면했기에 '조엄의 고구마'라 하여 '조내기 고구마'라 불렀다. 이후 조내기 고구마는 따뜻하면서도 척박한 남쪽 섬 지역에서 섬사람들의 중요한 주식이 되었다.

'조내기 고구마'는 1960년대까지 영도 청학동, 동삼동 일대에서 재배했는데, 씨알은 잘았지만 색이 붉고 당도가 높아 영도 사람들의 겨울철 주식으로 많은 사랑을 받았다. 그러나 급격한 도시화와 토질 변화 등 다양한 이유로, 조내기 고구마는 1970년대

빼때기죽

들면서 자취를 감추게 된다.

"빼때기죽은 빼때기만으로 끓이고, 밀가루를 풀어 걸쭉하게 만들어 먹기도 해요. 가난한 집에서는 빼때기에 신화당으로 단맛만 낸 죽을 끓였고, 부잣집은 팥, 조 등 잡곡과 찹쌀가루를 넣어 건강식으로 만들어 먹었죠." 통영의 명품충무김밥 대표 김선옥 씨의 말이다. 한때 영도를 비롯해 남해안 일대에서 빼때기는 겨울철 주식이었다. 생으로 말린 것은 '빼때기', 삶아서 말린 것은 '부자'라 했는데, 장날이면 할머니들이 옹기종기 모여 양식 대용으로 팔았다.

빼때기는 저장성이 낮아 오래 보관하려면 제대로 말려야 하는데, 주로 햇빛 좋고 통풍 좋은 볏짚지붕, 양철지붕에서 말렸다. 잘못 말리면 시커멓게 변색되거나 곰팡이가 피는데, 이를 삶거나 죽을 끓이면 쓴맛이 났다고. 빼때기는 주로 죽을 쒀 먹었는데, 죽 이외에도 다양한 음식을 만들어 먹기도 했단다. 빼때기 가루와 밀가루를 잘 반죽하여 멸치육수에 끓여 먹는 '빼때기 칼국수'나 '빼때기 수제비', 밀가루나 쌀가루와 섞어서 동그랗게 절편처럼 쪄낸 '빼때기 개떡', 떡 사이에 팥고물을 얹어 쪄낸 '빼때기 시루떡' 등도 그 시절 먹거리였다.

고구마 시배지인 영도에서 고구마로 다양한 제품을 생산하는 곳이 있다 해서 찾아가 보았다. 영도 동삼동의 마을기업 '조내기고구마(주)'는 현재 영도 청학동 봉래산 중턱에 고구마 밭 4000여 평을 경작하며, 10여 가지 고구마를 이용한 제품을 생산하는 기업이다.

30여 년 세월을 바쳐 고구마 가공기술에 힘을 쏟은 황외분 대표는 "다양한 고구마 가공기술로 고구마의 영양성분을 간편하게 먹을 수 있도록 연구개발하여 오늘에 이르렀다"며 "특히 '삶은 고구마 가루'는 물이나 우유를 부으면 바로 '고구마죽'이 되는 간편함 때문에 요양병원 환자식이나 유아용 이유식, 아침 대용 스프 등 건강식으로 인정받아 큰 보람을 느낀다"고 말한다.

'조내기고구마(주)'는 고구마 성분이 다량 함유된 된장, 고추장, 간장과 고구마 국수, 고구마 캐러멜, 고구마 젤리 등을 생산한다. 한때 겨울철 주식으로 각광받았던 빼때기. 때문에 이 빼때기로 만든 음식은 서민과 늘 함께했던 '대중 건강식'이었다. 서너 시간씩 눌어붙지 않도록 오래 저어줘야만 하는 '정성의 음식'이자, 시간이 요리하는 '슬로푸드'였다. 그리고 유년의 아름다운 추억을 되살리는 '힐링의 음식'이기도 했다. 이렇게 추억이 많았기에, 빼때기의 통영발 '음식으로의 귀환'은 반가운 소식이다. 고구마 시배지 부산에서도 '향토음식으로서 가능성'이 엿보이기에 그렇다. '조내기 고구마'의 역사 스토리텔링과 함께, 또 하나의 '부산음식 부활'이라는 미래 가치를 기대할 수 있는 일이기도 하다.

고구마

제삿밥과 전찌개

젯밥에 관심이 갈 만허네

우리나라의 아름다운 예법 중 하나인 제사(祭祀)는 돌아가신 조상께 음식을 바치고 '몸과 마음'을 다해 모시는 전통의 미풍양속이다. 이는 오늘을 있게 한 조상들께 감사의 마음을 전하는 행위이자, 후손에게는 관혼상제의 예법과 가문의 가풍을 가르치는 교육적 목적도 있다.

제사는 조상의 기일(忌日)이나 설, 추석 등 우리 고유의 큰 명절에 평소 조상이 좋아하던 음식이나 진설(陳設, 상차림)의 예법에 따른 음식을 바치는 일이다. 이는 저승의 조상과 이승의 후손이 서로 음식을 함께 나누어 먹는 '소통의 행위'이자, 조상신들에게 불안한 미래를 어느 정도 맡기거나 기대는 '발복(發福)'의 의미를 가진다.

제사는 지방과 가문마다 상차림의 예법이 다르다. 진설 음식의 종류와 식재료의 조리방법 또한 마찬가지다. 서부 경남과 부산 등지의 일례를 들자면 바다 생선 등 해산물 진설이 풍성하고 지역의 다양한 나물과 각양각색 전도 중요한 상차림으로 등장한다. 갱(탕국)도 주로 해산물과 무, 지진 두부를 주재료로 끓여내 시원하면서 깊은 맛을 낸다.

조상의 제사를 지낸 후 남은 음식은 가문의 사람들이나 가족이 나누어 먹게 된다. 메(밥)에다 각종 나물을 넣고 비벼, 제주(祭酒)와 함께 음복한다. 남은 전이나 생선으로는 지져 먹거나 찌개를 해 먹었다. '제사밥상'이다.

제사밥상의 대표적인 것이 '제삿밥'이다. 제삿밥은 제사를 지낸 뒤 제사상에 올린 음식을 비벼 함께 먹은 것에서 시작되었다. 흰 쌀밥에 고사리, 도라지, 무채, 시금치 등의 나물과 명태전, 두부전, 애호박전 등 여러 가지 전을 채 썰어 비비고, 탕국과 곁들여 먹는 음식이다. 그래서 제삿밥은 제사에 쓰인 다양한 음식이 고명으로 들어가 맛깔을 아우르기에 '포용의 음식'이다. 각기 고명의 장점을 일궈내어 풍성한 맛을 만들어내기에 '화합의 음식'이기도 하다. 또한 개개의 맛과 성질이 하나의 맛을 위해 자신을 낮추고 순화하므로 '순화의 음식'이기도 하다.

하여 제삿밥은 자기를 낮추는 '겸양의 음식'이고, 함께 살아가는 '상생의 음식'이며, 각각의 재료의 성정을 인정하고 존중하므로 '배려와 다양성'의 음식인 것이다. 이에 더해 조상과 후손이 함께 어울려 먹는 음식이니 두말할 나위가 없음이다.

제삿밥은 오래전부터 반가(班家)의 사람들에게는 보편적인 식문화로 자리 잡았던 것으로 보인다. 조선 시대 말기의 문신이자

제사에 올렸던 밥과 나물로 지은 제삿밥. 탕국과 잘 어우러지는 제삿밥은 우리 음식문화를 이루는 어엿한 요소이다.

서예가 최영년의 시집 『해동죽지(海東竹枝)』에서 제사음식으로 비빔밥을 먹었던 풍습이 기록돼 있는 것을 보아도 쉬 짐작할 수 있겠다. 제삿밥의 그 맛이 얼마나 담박하고 그윽하였던지 많은 이들이 제삿밥을 먹기 위해 제사를 기다리는 일도 잦았다. 그래서 나온 속담이 '제사보다 젯밥'이다. 오죽하면 제삿밥이 먹고 싶어 주인 없는 헛제사를 지내고 제삿밥을 먹었을까?

헛제사를 지내고 먹는 제삿밥을 '헛제삿밥'이라고 하는데, 영남 사림파가 세거했던 경북 내륙의 대구, 안동 등과 서부 경남의 진주 등에서 발달한 음식이다. 조선성리학을 이끌었던 퇴계 이황과 남명 조식을 따르던 영남 사림파 유생들이 먹었던 것이 그 기원이라 전해진다.

제삿밥은 우리 전통음식인 비빔밥의 기원이기도 하다. 반가의 제삿밥이 제사를 지낼 수 없었던 상민들에게 전래되면서 우리 민족의 전통음식이 된 것이다. 정형화되지 않은 각종 나물 등속을 밥 위에 얹어 쓱쓱 비벼 먹는 방식으로, 서민은 집에 남은 찬을 이것저것 밥에 얹어 가족들과 함께 둘러앉아 설렁설렁 비벼 먹었다.

제삿밥과 더불어 세트메뉴처럼 따라 나오는 음식이 '탕국'이다. 소고기, 무, 지진 두부, 문어, 건홍합 등 다양한 식재료를 가마솥에 넣고 은근한 불에 오래도록 끓여내면, 시원하면서도 깊은 맛이 끝 갈 데 없는 탕국이 만들어진다. 나물 요리와도 잘 어울리기에 제삿밥에는 탕국이 빠져서는 안 될 음식 중 하나이다.

탕국은 지방에 따라 또 가문의 가풍에 따라 들어가는 식재료와 조리방법이 각양각색이고 천차만별이다. 육수만 해도 소고기, 닭고기, 꿩고기 등으로 나뉘고, 건해산물을 주로 쓰는 곳이 있는가 하면 생해산물을 쓰는 곳도 있다. 때문에 어떤 곳은 담백하고 시원한 반면, 어떤 곳은 진하고 깊은 맛을 내기도 한다.

제사밥상 중 또 하나의 음식이 '전찌개'이다. 제사 후 남은 다양한 전을 냄비에 넣고 자작하게 끓여낸 음식이 바로 '전찌개'. 밑간을 하여 기름에 지진 전을 찌개로 조리하기에 짭조름하고 고소한 맛이 남다르다.

냄비에 남은 탕국이나 따로 만든 육수를 넣고 끓이다가 전을 넣고 간장과 고춧가루 등으로 간을 맞춘 후 입맛에 따라 땡초나 파 등속을 넣으면 얼큰하고 진한 맛의 '전찌개'가 완성된다. 제사

전찌개

상에 올린 생선을 넣고 끓이면 더욱 깊고 시원한 맛을 볼 수 있다.

여러 가지 식재료가 한데 섞여 맛을 내기에 전 하나하나 각각의 맛을 일별해보는 재미도 있다. 부드럽게 풀리는 전과 짭짤한 국물이 만나 절묘하게 어우러지는 맛 또한 흔쾌하고 쏠쏠하다.

제삿밥을 비빈다. 모든 고명이 뒤섞여 비벼진다. 고슬고슬 따뜻한 흰밥, 각양각색 나물과 전과 고명이 푸릇푸릇, 노릇노릇, 알록달록하다. 그 위에 구수한 참기름 넉넉하게 두르고 조선장으로 간을 본다. 다 비벼놓고 보니 밥상이 절정이다. 신록이 푸르다가 화사한 단풍 속 흰 눈발이 펄럭인다. 한 음식에 사계절이 다 함께 어우러지는 것이다.

한 숟갈 크게 입에 넣는다. 구수하다. 연이어 다양한 식감의 향연이 펼쳐진다. 꼬들하고, 부드럽고, 들큰하고, 짭짤하고… 마치 잘 갈무리된 관현악의 연주를 듣는 듯 기꺼운 맛을 낸다. 각각의 재료가 섞이고, 각각의 맛이 한데 어울리면서 하나의 맛으로 합일된다.

탕국 한 술 뜬다. 시원하다. 그리고 깔끔하다. 그러면서 입안의 나물 향을 북돋워주기에 이 또한 즐겁다. 탕국은 끓이면 끓일수록 맛이 진하고 깊어져서 좋은 음식이다. 제삿밥 한 숟갈에 탕국 한 술 떠야만 제삿밥의 완벽한 조합이 이뤄지는 것이다.

짭조름한 전찌개도 한 술 뜬다. 묵직한 국물 맛이 제사밥상의 중심을 잡아준다. 다양한 맛깔의 제삿밥과 개운한 탕국과 달리 얼큰하고 강한 양념이 다소 느슨하던 밥상의 리듬을 조화롭게 한다.

예부터 비빔밥을 따로 골동반(骨董飯)으로 불렀다. '한데 섞어 먹는 밥'으로 풀이해도 되겠다. 이런 의미로 본다면 '제사밥상'이야말로 완벽한 '골동반'이다. 각종 나물을 섞어 비벼 먹는 제삿밥이나, 다양한 뭍의 것과 바다 것들을 한데 끓여 국을 내는 탕국, 이런저런 전을 한데 모아 새로운 찌개 형태로 만들어낸 전찌개. 이 '제사밥상'은 함께 모여 밥상을 만들고, 함께 모여 밥을 먹는, 우리 민족의 따뜻한 공동체 문화가 오롯이 배어 있고 쟁여져 있는 음식이다. 민족음식의 고갱이라 아니할 수가 없는 것이다.

울산 장생포 고래탕

소고기를 대신했던 그 시절 고래의 맛

한때 '동네 개도 만 원짜리를 물고 다녔다'는 식언이 있을 정도로 '바다의 노다지'로 각광받았던 포경산업. 우리 해역의 근대 포경은 구한말 일본, 러시아 등 열강들에 의해 시작하여, 해방 후에는 울산 장생포, 방어진, 구룡포를 중심으로 근해 포경업이 성업을 이뤘다.

고래를 선미(船尾)에 매단 포경선이 뱃고동 소리를 울리며 귀항을 하면, 동해안 고래마을 사람들은 삼삼오오 부두에 나와 집채만 한 고래를 구경하곤 했다. 그러나 1986년 국제포경위원회의 상업포경금지협정이 발효된 이후 국내 포경업은 그 종말을 고한다. 이와 더불어 동해안 고래마을들도 그 화려했던 시절의 끝을 맺는다.

그러나 고래고기의 맛을 잊지 못하는 사람들의 '입맛의 추억'은 아직까지도 그들의 식탁에 고래 음식을 소환하고 있다. 울산 장생포와 포항 죽도시장, 부산 자갈치시장 등에서는 혼획(混獲)

되거나 좌초(坐礁)된 고래고기를 취급하고 있다.

'자갈치시장 하면 고래고기'였던 시절이 있었던 만큼 부산에서는 지금도 고래고기를 맛보려면 자갈치시장에 가야 하고, 포항 죽도시장은 구룡포항에서 해체한 고래를 전국에 도소매로 유통하는 고래고기 유통 본거지이다.

특히 장생포는 현재 '고래문화특구'로 지정된 곳으로, 고래의 모든 것을 관광자원화해 옛 고래산업의 영화를 재현하려 노력하고 있다. 마을 인근에 집단화된 고래전문음식점에서 다양한 고래 음식들을 맛볼 수도 있다.

한때 국내 최대 포경어업 전진기지이자 항구에 들어온 고래로 온 마을이 떠들썩하던 고래마을, 울산 장생포. 그래서 장생포 하면 떠오르는 것은 당연히 '고래'다. 포경산업이 사양화되었지만 그래도 장생포 사람들의 고래 음식 사랑은 끝이 없다. 어린 시절을 회상하는 꿈과 추억의 맛이기도 하거니와 할아버지 때부터 먹어왔던 '배냇음식'으로 여기기 때문에 그렇다.

장생포 사람들에게 있어 고래고기는 가난했던 시절 소중한 단백질 공급원이었다. 포구로 들여온 고래를 고래해체장에서 부위별로 해체하고 난 후, 살코기 부위는 동네사람들에게 듬성듬성 썰어서 나눠줬는데, 마을 사람들은 이 고기로 다양한 고래 음식을 만들어 가족과 나눠 먹었다. 당시 흔한 고래살코기로 귀했던 소고기를 대신해 단백질을 보충한 것.

이렇게 큰 고래가 들어온 날이면, 여인네들은 얻어온 고래살코기를 간장양념에 재워두었다가 불고기를 볶고 얼큰한 고래탕을 끓여 밥상 위에 올렸다. 이때만큼은 온 동네 사람들의 밥상에는 든든한 고래 음식들이 오르고, 고래불고기를 안주삼은 남정네들은 밤이 이슥하도록 술추렴을 했다. 그중에서도 가족 밥상에 자주 올랐던 음식은 '고래탕'이었다.

소고기육개장처럼 무와 콩나물, 대파 등속을 넣고 얼큰하게 푹 끓여낸 '고래탕'은 아침 해장국으로도 안성맞춤이었고 가장의 반주에 어울리는 술국으로도 널리 소용되었다. 현재 장생포에서는 이 '고래탕'을 외식음식의 하나로 개발해 '고래찌개'라 부르고 있다. 음식도 음식 이름도, 세월 따라 그 지역 사정에 따라, 바뀌기도 변하기도 하는가 보다.

이처럼 울산은 고래가 친숙한 '고래의 도시'이다. 때문에 어느 동네에 가도 고래고기집이 한두 곳은 있을 정도다.

이들 중 몇몇 집들은 호주머니 가벼운 서민들에게 점심시간에 한해 '고래국밥'을 팔기도 한다. 한 냄비에 끓여 함께 즐기는 '고래찌개'를, 1인분씩 밥과 함께 저렴하게 제공하는 것이 '고래국밥'이다. 원래 고래국밥은 포항 사람들이 즐겨 먹던 음식이다. 포항 사람들은 겨울철 해장을 하거나 따뜻한 음식이 생각날 때면 고래국밥을 먹었다.

고래국밥은 포경시절 항구에서 뱃일을 하는 어부들이 출출한 배를 든든하게 채우기 위해 그리고 한 잔 술의 해장국으로도 즐겨 먹었던 음식으로 유명했다. 요즘처럼 가격이 만만찮은 고래전

고래수육과 고래국밥

문식당에서, 옛날 '고래탕에 밥 말아 먹던 추억'을 저렴하게 제공하고 있는 것이다.

신정시장 고래국밥집에서 고래국밥 한 그릇 주문한다. 혼자서 고래 음식을 편하게 먹을 수 있다는 것이 흔쾌하다. 언뜻 보기에는 소고기육개장이나 소고기국과 별반 차이 없는 모양새다. 칼칼하게 보이는 붉은 국물 위로 되는 대로 삐져 넣은 무와 적당한 양의 콩나물, 어슷하게 썬 대파가 보인다.

찌개 안에는 살코기, 힘줄을 비롯해 우네, 오배기, 등살 등의 자투리 살들이 들어간다. 고래를 부위별로 장만할 때 정형을 하고 남은 부위를 찌개용으로 넣고 끓여내는 것이다. 숟가락으로 휘휘 뒤적이다 보니 탕 안에 고래고기가 수북하다.

"사실 우리 집은 고래고기보다 탕이 더 가성비가 높습니다. 시장 분들이 옛 생각 하면서 부담 없이 고래국밥 한 그릇 드시고 갔으면 해서 고기를 넉넉히 넣기 때문입니다." 사장의 설명이다.

그래서 고래국밥을 먹어본 사람들은 그 맛이나 고기 양에 깜짝 놀라 단골이 된단다. 한때 이 자투리 고래고기는 울산의 재래시장 등에서 꽤 인기 있게 팔리던 시절도 있었단다.

국물 한 술 떠본다. 진하면서도 칼칼하다. 짙은 풍미 속에서도 입안을 기분 좋게 얼얼하게 해준다. 한 술 더 떠먹어 보니 급기야 속이 화악 풀리면서 편안해진다. 국밥 안에 있는 고래고기도 한 점씩 맛보는데, 각각의 부위를 일별하는 맛 또한 재미나다. 꼬들꼬들한 식감부터 질릴 정도로 고소한 맛, 소고기처럼 부드럽게 씹히는 부위까지, 그리고 풍성한 육향이 치받듯이 하는 것부터 아련하게 코끝을 스치는 부위까지, 각각의 맛이 흥미진진하기가 이를 데 없다.

살코기를 정구지 김치와 곁들여 먹는다. 고기의 육향과 정구지 김치의 알싸한 향이 너무 잘 어울린다. 장생포 사람들은 이 정구지 김치가 고래고기와 궁합이 잘 맞아, 고래 음식을 낼 때는 늘 정구지 김치를 함께 상에 올린단다.

밥을 만다. 밥을 말면 제대로 된 고래국밥이다. 밥알과 고래고기가 서로 어우러져 고소하면서도 진하고 풍성하다. 콩나물은 아삭거리고 무와 대파는 국물의 그 시원함을 넉넉히 책임지고 있다. 한 술 뜨고 두 술 뜨고, 고기 한 점에 두 점 먹고 나니 어느새 배가 든든하다.

한때 가난한 이들의 소고기 대용 음식으로 조리해 먹었던 고래고기. 그 맛이 쇠고기와 비슷해, 소고기육개장, 소고기국, 소불고기, 두루치기 등 소고기 음식의 대체 식재료로 널리 착하게 쓰였었다. 그랬던 고래가 지금은 구하기조차 힘들어 '바다의 로또'라고 불릴 정도로 귀하게 대접받는 시절이다. 격세지감이 따로 없다.

고래국밥에는 다양한 부위의
고래고기 자투리살이
넉넉하게 들어간다.

김해 돼지 뒷고기와 뒷통구이

몰래 뒤로 빼돌려 먹던 돼지고기

한때 김해에서 기자 생활을 몇 년 한 적이 있다. 늘 반복되는 취재 뒤 쫓기듯 원고를 마감하고 나면, 헛헛증이 몰려와 막소주 한 잔에 뭔가를 씹어야 했다. 그때 늘 먹던 단골 술안주가 '돼지 뒷고기'였다. 다른 돼지고기 부위에 비해 가격이 저렴하기도 했거니와 그 맛 또한 좋아 자주 먹었던 기억이 난다.

김해는 안동과 주촌에 도축장이 있어서 소와 돼지의 다양한 부위가 유통된다. 그중 돼지는 도축 양이 많아 부산을 비롯한 인근 도시 지역에 양질의 돼지고기를 대량으로 공급하고 있다. 이 돼지를 도축할 때는 부위별로 분류하여 정형을 하는데, 한때 정형하고 남는 고기를 도축기술자들이 몰래 빼돌려, 인근 실비식당이나 선술집에서 구워 먹거나 헐값으로 팔았다고 한다. 말인즉슨 '뒤로 빼돌려 유통된 돼지고기'라 하여 '돼지 뒷고기'라 불리게 된 것이다.

뒷고기는 주로 돼지머리 부위를 중심으로 사용하는데 눈살,

볼살, 혀살, 코살, 턱살, 머릿살, 항정살 등 일곱 가지 정도의 부위로 구성된다. 돼지의 머리 부분을 목덜미살까지 넉넉하게 잘라내 뒷고기용 재료로 유통했다. 예전에는 뱃살과 엉덩잇살을 쓰기도 했다. 다양한 부위의 고기를 모아놓았기에 각각의 식감과 고소함의 차이를 느껴 가며 즐기는 재미도 있을뿐더러, 삼겹살이나 돼지갈비의 반값 정도로 싼 가격에 먹을 수 있어 금세 김해의 서민 음식으로 자리 잡았다.

한때 김해의 그 신문사에서 한솥밥을 먹었던 신현우 씨와 연락이 되어 내외동의 '양가네 뒷고기집'에 앉았다. 이 집 대표인 양현식 씨는 오래도록 뒷고기 전문식당을 운영한 뒷고기 전문가이다. 신 씨의 지인 등 중년의 김해 주당들이 모여 오랜만에 뒷고기로 옛날 이야기 꽃을 피운다.

"1980년대 초 전하동, 봉황동 주변으로 노점 같은 대폿집이 많았어요. 한번은 비가 촉촉하게 오는 날 이곳을 지나는데, 고기 굽는 냄새가 너무나 구수하게 나는 거예요. 바로 들어가 시켜서 먹는데, 쫀득쫀득하면서도 고소한 게 맛이 좋아요. 그래서 '무슨 고기요?' 물었더니 '도축장에서 뒤로 몰래 빼낸 고기'라는 거예요. 그 뒤부터 단골로 이 고기를 먹으며 '뒤로 빼돌린 고기니까 뒷고기라 하면 되겠네' 하며 불리게 된 이름이 '뒷고기'입니다." 양현식 대표의 말이다.

"원래 김해는 김해평야를 중심으로 하는 농업 지역이었지요. 이곳에 공단이 들어서고 도시화가 진행되면서 상권이 형성되는

데요. 이때 서민을 중심으로 형성된 외식 문화 중 한자리를 차지한 음식이 바로 뒷고기였어요." 신 씨가 말을 이었다.

"맞습니다. 김해는 뒷고기에서 서민들 외식문화가 정착되었다고 봅니다. 당시 삼겹살이나 돼지갈비는 비싸서 자주 먹을 수가 없었어요. 그 자리를 대체한 음식이 바로 뒷고기였는데, 당시 한 대접에 2000원 정도 했나? 한 대접이면 지금으로 치자면 한 5인분 정도 될 겁니다." 양 씨가 이렇게 말을 받는다.

그 때문에 김해의 중년들은 뒷고기로 술을 배웠다 해도 과언이 아니다. 1980년대 말부터 1990년대 초까지 김해 시내 곳곳에 뒷고기집이 있었고, 사람을 만날 때나 운동, 등산 후에도 꼭 뒷고기로 뒤풀이를 할 정도로 김해 사람들에게는 생활 속 음식이 되었다.

한때 김해 주당들끼리 술 약속은 "뒷고기 한 접시 됐나?"가 통용어였다. '술 한잔하자'는 말이나 '일간 한번 만나자'는 인사말 또한 '뒷고기 한 접시 하자'로 통했다. 젊은이들은 내기 당구를 치면서 짜장면이 아니라 소주 한 잔에 뒷고기 한 접시를 내기로 걸었고, 배포 없고 얌체 짓을 잘하는 이에게는 '뒷고기도 못 살 놈'이라고 비난하기도 했다. 이처럼 뒷고기는 김해 사람들의 생활문화 속에서도 깊숙이 개입해 있던 식재료였다.

이 뒷고기는 다른 정식 부위와 달리 제대로 정형되어 유통되지 않기에, 가게마다 먹기 좋게 직접 장만해야 했다. 그 때문에 가게 주인장 손길에 따라 뒷고기의 식감이 달라, 같은 부위라도

불판 위의 뒷고기

가게마다 그 맛이 달랐다. 또한 뒷고기 부위의 수급이 매일매일 일정하지 않았기에 같은 가게라도 어제와 오늘 고기 맛이 다른 재미가 있었던 것이 뒷고기였다. 그래서 하루하루 어떤 부위가 올라올지 몰라 '복불복 음식'이라고 불릴 정도로 먹는 재미가 쏠쏠했다. 단골 중에는 유독 자기가 좋아하는 부위를 콕 찍어서 달라고 하여 즐기는 이도 있었는데, '돼지 뒷통구이'가 그렇게 탄생한 것으로 볼 수가 있다.

돼지 뒷통은 돼지고기 목 뒷덜미 항정살 부위를 정형하고 남은 고기를 말하는데, '돼지 뒷통수 쪽 부위를 구워 먹는다' 해서 '돼지 뒷통구이'라 한다. 이 또한 뒷고기이지만 뒷통 부위만을 좋아하는 이들을 위해 따로 구분하여 전문적으로 팔고 있다. 꼬들꼬들하면서 구수한 풍미에, 요 몇 년 사이 전문식당이 부쩍 늘어 많은 인기를 끌고 있다.

김치와 곁들인 뒷고기

소주 한 순배 돌리는 동안 불판에서 다양한 부위의 뒷고기가 지글지글 익어가고 있다. "뒷고기는 고기가 울퉁불퉁해 자주 뒤집으며 구워야 맛있어요. 바싹 구우면 씹는 맛이 없기 때문에 노르스름할 때 먹어야 제맛이 납니다." 양 대표의 말이다.

고기 속 기름기가 자글자글 배어 나온다. 한 점 맛본다. 어떤 부위는 부드럽고 어떤 부위는 쫄깃하고, 어느 살점은 고소하고 어느 살점은 담백하고, 쫀득쫀득 보들보들 살강살강…. 그 식감조차 씹을 때마다 현란하고 변화무쌍해 흔쾌하기 이를 데 없다.

혀살은 담백하며 타박타박하고, 뒷통(항정살 부위)은 뒷맛이 고소하다. 머릿살은 쫀득하고 볼살은 쫄깃하다. 턱살은 꼬들꼬들하고 코살은 약간 질긴 듯 식감이 탄탄하다. 눈살은 상대적으로 조금 부드러운 맛을 낸다. 고기와 함께 먹는 '정구지 김치'도 좋다. 뒷고기는 기름진 부위가 다수 포함되기에 알싸하고 향이 좋

뒷고기 한쌈

은 '정구지 김치'와 잘 어우러진다. 상추나 깻잎에 뒷고기와 마늘, 땡초를 얹어 싸 먹어도 꽤 괜찮다.

남녀노소 모두에게 가성비 좋고 맛있고 양 많은 음식 뒷고기. 주머니 가벼운 서민의 따뜻한 한 끼 음식으로, 든든한 술안주로, 널리 사랑받는 김해의 소울푸드이다. 지금도 김해의 넉넉한 고기 인심은 남다르다. 그것은 김해의 뒷고기 인심이 김해의 음식 유산 속에서 면면히 흐르고 있어서가 아닐까? 그만큼 뒷고기는 김해 사람들의 식문화에 큰 영향을 끼친 식재료이기도 하겠다.

울산 봉계한우

생고기의 미학, 양념장은 거들 뿐

어림잡아 30여 년 전일 게다. 중앙지 울산 주재기자인 지인과 시인 몇몇이 모여 울산 봉계의 한우를 먹으러 갔다. 봉계 특유의 '당일 도축한 소고기'를 숙성시켜 소금만 뿌려 구워 먹었는데, 가히 '입에서 살살 녹는다'는 표현이 그렇게 잘 어울릴 수가 없었다.

그때 함께 상에 올라온 것이 있었는데, 검붉은 소고기를 무심하게 '깍둑깍둑' 썰어서 접시에 내온 '생고기'였다. 당시 이런 모습의 소고기 차림을 보지 못했기에 신기해하며 주인장에게 그 정체를 물었다. '깍두기육회'란다. 잘 숙성된 고추장과 고소한 참기름 등이 섞인 양념장에 생고기 한 점 푹 찍어 먹으니, 쫀득쫀득 감칠맛 가득한 식감에 잘 숙성된 양념장의 들큰하면서도 고소한 풍미가 끝없이 터져 오르던 기억이 아직도 생생하다.

그리고 30여 년 후, 다시 봉계를 찾았다. 울산시 울주군 두동면 봉계리 한우마을. 군청이나 면사무소가 있는 곳도 아닌 농촌마을에, 수십 곳의 '한우숯불불고기집'이 군집해 맛있는 불고기

냄새를 솔솔 피우고 있는 것이다.

일제강점기 전후로 울산시 울주군의 봉계와 언양은 큰 우시장이 소재했던 곳이다. 이곳 주변은 산세가 깊고 자연환경이 수려한 '영남알프스'를 끼고 있어 풍부한 목초지를 바탕으로 한우 축산업이 발달했다. 때문에 울산, 영천, 경주와 더불어 경남·북에서도 손꼽히던 큰 우시장이 열렸던 곳이다. 우시장이 열리는 날 100~500마리가 거래되던 시절도 있었단다.

언양은 양념에 재운 소고기를 석쇠에 구워낸 '석쇠불고기'로, 봉계는 왕소금을 뿌린 생고기를 숯불 위에 구워 먹는 '숯불생고기'로 유명하다. 1996년부터 이 두 곳을 묶어 '한우 불고기 특구'로 지정하여 현재에 이르고 있는데, 국내에서 유일한 한우불고기 관련 특구이다.

봉계의 마을 주민들에 의하면 "1980년대 인근 태화강 주변의 수석 애호가들이 수석을 찾으러 다니다가 몇 안 되는 이 마을 식당에서 고기를 구워 먹으면서 그 유명세를 타기 시작한 것이 '봉계한우불고기'의 시초"라고 말한다.

"봉계는 울주군의 두동면과 두서면 등 주변 2개 면의 사육농가에서 한우를 대부분 제공받는데, 한우 중에서도 가장 맛이 좋은 3~4년생 1등급 암소만 쓰는 특징이 있습니다." 봉계한우불고기특구번영회장의 설명이다.

암소는 임신 전후로 영양분이 가장 활발하게 축적되기에 육질이 부드러우면서도 진하고 고소하단다. 특히 도축 후 이틀 이내의 신선한 고기만을 선별해 소비하는데, 집집마다 숙성실을 따로 두어 최상 상태의 한우를 제공하고 있다고. 더구나 울산 관내의 한우를 도축 당일이나 이틀 안에 소비하는데, 주문과 함께 고기를 썰어서 제공하기에 그 맛이 신선하고 풍미가 농밀하다는 것이다.

이 때문에 봉계한우는 다른 지역 소고기와 달리 생고기 자체의 맛을 즐기는 조리법이 발달해 있다. 먹기 직전 고기를 끊어, 아무런 양념 없이 왕소금만 솔솔 뿌린 후, 불향 그윽한 숯불에 살짝 익혀 먹어야 제맛을 볼 수가 있다.

30여 년째 영업하고 있는 불고기집에 자리를 잡는다. 차림표는 단출하다. 등심, 갈빗살, 낙엽살, 양념불고기. 육회는 일반 소고기육회와 깍두기육회가 있다. 봉계의 특징 중 하나가 가장 맛있다는 특수 부위를 중심으로 고기를 제공한다는 점이다.

오늘은 갈빗살이 좋다고 해 갈빗살과 낙엽살, 깍두기육회를 주문한다. 당일 도축한 것이라 고기색이 검붉다. 소고기는 처음 도축하면 검붉은 색을 띠다가 공기 중 산소와 결합, 산화하면서 밝은 선홍빛이 된다.

애피타이저로 우선 깍두기육회부터 맛을 볼 요량이다. 소고기의 육회는 크게 나뉘어 두 종류로 대별된다. 둘 다 우둔살이나 사태 등 기름기 없는 붉은 살을 조리하지 않고 생으로 먹는데, 하나는 야채나 과일 등과 함께 채 썰어 양념에 버무려 먹는 방법이 있고 또 하나는 적당한 크기로 썰어 양념장에 찍어 먹는 방법이 있다.

울산 봉계한우를 다양하게 즐기는 법. 두툼하게 썬 깍두기육회와 굵은 소금을 툭툭 뿌려 구워 먹는 낙엽살, 핏기가 가시자마자 바로 먹어야 맛있는 갈비살을 차례로 맛보자.

전자는 소고기육회, 후자는 통칭해 '육사시미'라 부른다. 육사시미는 지역에 따라, 장만한 모양에 따라 다양하게 불리는데, 전라도 지역에는 '생고기', 대구·포항 지역에는 '뭉티기', 울산에는 '막찍기', 봉계에서는 '깍두기육회'라 통용되고 있다.

주로 소고기육회는 도축한 지 하루가 지나 육질이 부드러울 때 먹고, 육사시미는 당일 도축하여 식감이 좋을 때 먹어야 제맛을 즐길 수 있다. 깍두기육회 또한 당일 도축한 고기를 바로 썰어서 낸다.

깍둑깍둑, 깍두기처럼 썰어낸 육회를 한점 입에 넣는다. 쫀득쫀득한 식감이 여타 지역의 육사시미보다 더 흥미롭다. 그리고 소고기 특유의 육향이 슴슴하게 올라온다. 고소하고 얼큰한 양념장에도 찍어 맛을 본다. 육향과 양념장이 서로 뒤섞이며 어우러지는데 '진미(珍味)'가 따로 없다.

이제 숯불구이를 맛볼 차례. 생고기 위에 굵은 왕소금을 술술 뿌린다. 그리고 숯불 위 석쇠에 올려 굽는다. '치지직~' 고기 익는 소리가 청량하다. 곧이어 고소한 냄새가 진동을 한다. 참으로 기다리기 힘든 시간이 지나고 있음이다.

고기 위로 붉은 육즙이 송글송글 맺힌다. 고기를 뒤집는다. 다시 기분 좋은 '치지직~' 그리고 바로 젓가락으로 낙엽살 한 줄을 도르르 만다. 아직도 채 익지 않은 고기 속 육즙이 뚝뚝 떨어진다. 붉고 선연하게 떨어지는 육즙이 방울방울 맺히는 홍매화 봉오리 같다.

동백꽃만 한 낙엽살 한 줄을 통째 입에 넣는다. 음~! 입안 가득

고기로 옹골지다. 두어 번 씹으니 육즙이 왈칵왈칵 쏟아진다. 부드럽게 씹히는 육질에 깊고 진한 육향이 차고도 넘친다. 갈빗살도 한 줄 굽는다. 핏기가 가시자마자 한입에 넣는다. 쫄깃하면서 고소함에 기꺼운 진저리가 난다. 이 모두의 풍미가 입안에서, 코끝에서, 오래도록 맴돌며 사람을 흔쾌하게 한다.

식재료의 신선함과 안전성을 평가하는 기준이 있다. '푸드 마일리지'도 그중 하나다. 한 음식이 우리 식탁에 오르기까지 걸리는 식재료의 생산 거리를 뜻한다. 그래서 푸드 마일리지는 짧으면 짧을수록 좋다.

우리 주변에서 생산하여, 신선할 때 바로 조리해 먹는 음식. 이런 음식이 인간에게 있어 최상의 음식일 것이다. 우리는 이런 식재료로 조리한 음식을 향토음식의 범주에 넣는다. 봉계한우불고기 또한 푸드 마일리지가 짧은, 지역의 신선한 향토 먹거리가 아닐까 한다.

통영 다찌

통영 바다를 한 상에 올리다

통영에는 '다찌'라고 불리는 유명한 술상 문화가 있다. '다찌'는 안주가 따로 없고, 주인이 그날그날 만든 음식을 주는 대로 먹는 술집이다. 술을 주문할 때마다 근처 시장에서 나는 제철 식재료로 조리한 안주가 제공되기에, 날마다 메뉴가 바뀌고 철마다 음식이 달라져 음식 헤아리는 재미 또한 쏠쏠하다. 통영의 보편적 음식문화가 가장 잘 반영된 것이 '다찌'라는 뜻이다.

'다찌'의 어원은 일반적으로 일본어의 '다찌노미'에서 유래됐다는 견해가 널리 알려져 있다. '선 채 마시는 일'이란 뜻으로, 우리말로는 '선술' 정도 되겠다. 일본의 서서 마시는 대중 선술집 다찌노미야를 떠올리게 한다. 그래서 다찌를 일제강점기 일본인 어항으로 번성을 이루던 시대의 일본식 술집문화 잔재로 이야기하기도 한다.

그러나 사진가이자 통영음식문화연구소 이상희 소장은 '다찌의 유래와 역사를 자세히 살펴보면 다찌의 정의에 큰 오류를 발견하게 된다'고 한다. '말만 일본식 이름인 다찌이지, 다찌노미와는 전혀 무관한 통영 고유의 음식문화임을 쉽게 알 수가 있다'는 것이다. '다찌'는 간판도 없는 허름한 집에서 찬 새미(우물)에 음식을 보관해놓고 밥과 잔술을 싸게 파는 '실비집'에서 시작됐다. 지금으로 치면 '백반집' 같은 분위기였다는 것.

이 소장은 설명한다. "그 시작은 해방 후 강구안 골목에 있던 '민주당집'이었습니다. 그 집 주인장 남편이 당시 민주당원이라 '민주당집'으로 부르게 됐는데, 언제나 다양한 음식들이 나오고, 수산 관련 사람들, 정치 관련 한량들, 문화계 사람들, 지역 유지 등이 모여서 왁자하게 한 잔씩 먹고 가는 집이었죠. 여기저기서 아는 안면들이라 이 테이블에서 술 보내고 저 테이블에서 술값 대신 내고 가고. 때문에 당시 통영의 술상문화를 대표하던 '민주당집'을 다찌의 원형으로 잡아야 합니다."

'민주당집'과 함께 통영청과조합 근처에는 삼가정이 영업을 하면서 이 두 실비집이 다찌의 시작이라는 것. 그렇다면 왜 일본식 어원인 다찌란 말이 붙었을까? 해양수산 경기가 좋아 흥청망청하던 시절, 당시 통영 또한 접대문화가 발달했다. 당시 일식집은 꽤 고급음식점으로 인식되던 시절이라 접대 정소로 일식집을 자주 이용했다고 한다. 특히 일식집 주방장 앞의 좌석은 주방장과 함께 일본 음식 정보를 접할 수 있고, 주방장이 제공하는 다양한 음식을 맛볼 수 있어 일식 마니아들에게는 꽤 인기가 있었다.

이 카운터석은 원래 주석(酒席)으로 들기 전 임시로 기다리던 자리다. 다찌는 '서서 하는 일'이란 뜻도 있지만, '임시로, 잠시' 등의 뜻도 있으므로 '잠시 기다리는 자리'를 '다찌석'이라 부르게 되었는데, 통영에서는 다찌석에 앉아 '다찌 한 잔 먹었다'는 말은 '맛있는 음식 대접받았다'는 자랑의 의미로 통용됐다. 이 소장은 "당시 주머니가 가벼워 일식집을 못 가던 사람들이, 일식집처럼 이것저것 여러 음식을 챙겨주는 실비집을 '다찌 못지않다'는 뜻에서 '다찌 먹었다, 다찌 먹으러 가자'는 표현을 쓰기 시작했다. 이것이 지금의 다찌로 변용됐다고 본다"고 설명했다.

이후 실비집은 강구안 뒤쪽 '도깨비골목'으로 모여드는데, '니나노집'이라 하기도 하고 '방석집'이라 부르던 '작부집'들이 밀집되어 있던 곳이었다. 어부들이 자주 드나들었는데 안주 한 상에 술을 상자째 팔던 곳이다.

작부집이 퇴락하면서 이 골목을 실비집이 대신 채우게 되는데, 대표적으로 '한양집', '해거름', '청주집' 등이 유명했다. 이 방석집 문화를 이어받아 실비집 또한 '한 상에 얼마'씩 박스로 술을 팔기 시작하다가, 이후 지금처럼 양동이(바께스)에 담아서 나오는 방식으로 변화하게 된다.

이 소장은 "이 실비집들이 다찌란 이름을 달고 호황을 누리자 너도나도 다찌라는 이름을 단다. 음식 수도 경쟁하듯 늘려 손님들에게 제공했다. 그중 '연정실비'가 통영의 모든 식재료를 활용한 대표적인 '다찌술상'을 차렸는데, 이 시기가 1990년대로 '다찌 문화의 전성기'라고 할 수 있다"고 떠올렸다.

지금은 통영에 다찌, 반다찌, 온다찌, 한 상, 두 당 만 원짜리 다찌 등 다양한 다찌가 생겨나고 분화하고 있다. 그러나 과거 통영

굴, 멍게, 전복 등 각종 해산물과 어류를 이용한 구이, 찜, 회 그리고 해조류 무침이 한상에 오른다.

을 대표하던 다찌의 원형을 유지하고 있는 곳이 몇 없을 뿐 아니라 그 가치 또한 훼손됐다는 평가를 받는다.

통영에서 나는 제철 식재료로 그날그날 음식을 조리하되, 통영의 조리법으로 만들어내야 고유의 통영다찌다. 때문에 통영의 소중한 문화자산이자 지키고 보존해야 되는 통영의 음식문화의 고갱이라 할 수가 있다.

통영의 음식문화가 고스란히 남은 다찌는 통영 예술가들에게도 다양한 예술적 영감을 주던 장소였다. 수구초심이라던가? 통영의 예술가들도 어머니 같은 고향음식을 그리워했다. 초정 김상옥은 방풍탕평채를, 전혁림 화백은 도미찜을 그렇게 좋아했다고 한다.

해방 후 시인 김춘수, 작곡가 윤이상, 화가 전혁림, 소설가 김용익 등이 강구안 뒷골목에서 술추렴으로 예술을 논하고, 화가 이중섭이 즐겨 술을 마시던 새미집과 방 다다미에 잉크로 그림을 그리다 주인 할멈에게 지청구를 들었던 복자집.

청마 유치환이 한술 거나해서 젓가락 두드리며 노래 부르고, 하보 장응두 시인은 단골 술집에 볼락 없다고 선 자리에서 돌아나오던 볼락마니아였다. 백석 시인은 통영처녀 '난'이를 짝사랑해, 통영을 오가며 강구안 대폿집에서 청춘을 방황하기도 했다.

그런 통영의 소울푸드와 스토리가 총망라된 것이 '통영 다찌'이자 '다찌문화'다. 통영의 음식문화가 녹아 있고, 통영에서 생산되는 모든 음식물을 망라하여 음미할 수 있으며, 통영 예술가들의 예술적 향기가 절절하게 배어 있는 장소이기도 하다.

다양한 제철 식재료로 조리한 음식들이 푸짐한 통영 다찌

이 소장과 다찌집 원형이 그럭저럭 보존되어 있다는 다찌집에서 다찌상을 받는다. 상 전체가 음식으로 차곡차곡 빼곡하다. 방어회와 밀치회를 비롯해 호래기·굴·멍게·전복·피조개 등 해물, 볼락구이와 문어숙회, 가리비찜에다 해삼초회·해삼창자젓갈·대합으로 만든 조개유곽, 장어내장수육·생선전, 각종 해조류 무침과 과일.

'바람맛도 짭짤한 물맛도 짭짤한 (…) 전복에 해삼에 도미 가재미의 생선이 좋고 / 파래에 아개미에 호루기의 젓갈이 좋고 (…) 집집이 아이만한 피도 안 간 대구를 말리는 곳' (백석의 시 '통영' 중에서)

'어물전에서도 금빛 털을 세우는 / 짚신게, 웬지 동리 선생 입안에서 / 심각한 맛을 낸 / 볼락 젓, 그리고 / 멸치의 고바가 있고 / 고바보다 더 작은 치리멘도 있다.' (김춘수의 시 '통영' 중에서)

통영의 바다는 사철 풍성하다. 사계가 모두 유순하고 도타운 까닭이다. 그러하기에 다양한 통영음식이 사철 상에 올라오는 다찌가 통영에 자리 잡을 수 있는 이유다.

진주 실비

뭘 내놓을지는 주인장 맘이라오

한때 진주지역 시인들과 잦은 만남을 가졌던 적이 있다. '부산경남젊은시인회의'란 단체의 일을 맡으며 경남 각지의 시인과 더불어 그 지역의 사회·역사·문화를 배우며 박주일배(薄酒一杯)를 기울이곤 했던 것.

당시 진주에도 여러 문학 도반들이 있었는데, 멀리서 온 나그네를 박대하지 않고 늘 반겨 주었다. 모두들 주머니가 가벼운 시절이라 거방한 술자리는 언감생심이고 그럭저럭 가성비 좋은 단골 술집에서 권커니 잣거니 했었다.

그때 자주 찾았던 곳이 진주 서민의 음주문화를 대표하는 '실비집'이었다. 말 그대로 허름한 식당에서 실비(實費)로 술을 팔던 곳으로, 싸게 판다는 뜻의 '실비로 파는 집'을 뜻한다. 당시 안주는 정해진 것이 없이 주인장이 그날그날 장을 봐 온 식재료로 다양한 음식을 만들어 두었다가 술이 떨어지면 술과 함께 안주를 채워 주는 방식으로 영업을 했다. 요즘 유행하는 '오마카세'의 원

조이기도 하다.

진주는 서부경남의 최대 도시로, 역사·경제·문화·교육의 도시이자 소비도시이기도 하다. 다양한 물산이 인근 지역에서 집산이 되기에 식재료가 풍성하다. 특히 당시 삼천포에서 싱싱한 해산물이 곧바로 진주로 직송되었기에, 언제나 풍성한 해산물의 안주로 술을 한잔할 수 있었던 곳 또한 진주이기도 했다.

진주 시인들과의 술자리는 늘 행복했던 것 같다. 술상을 뻥 둘러 가며 술병을 세우고는 술병 놓을 자리가 없으면 옆 술상으로 옮겨 다시 술자리를 시작하는 것이다. 이런 추억이 있는 진주 실비집을 얼마 전에 찾았다. 감회가 새로웠다.

실비집. 진주 사람들이 말하는 '실비'는 원래 제철에 나는 값싼 재료로 밥반찬처럼 음식을 만들어 놓았다가 안줏값 없이 술값만을 받고 술을 팔던 술집을 통칭한다. 진주뿐만 아니라 사천 등 서부경남의 서민들이 즐겨 찾는 술집, 또는 음주 문화를 지칭하기도 한다.

지역 원로 문화인들에 의하면 "1970~80년대 시내 중심가인 중앙로터리 기업은행 뒷골목에 공짜로 안주를 제공하던 '옥이집', '남이집'과 계동의 안주 값이 싼 '화랑집', '신라집' 등의 술집이 실비만 받고 술을 팔았다고 해서 '실비집'이라고 불렸다"고 전한다. 현재는 원도심 이외에도 대단지 아파트 밀집 지역인 신안동 인근에 10여 곳이 거리를 형성하고 있기도 하다.

진주 실비집의 가장 큰 특징 중 하나는 정해진 상차림이 없다는 것이다. 그러다 보니 차림표도 없고, 손님이 먹고 싶다고 특정한 안주를 시킬 수도 없다. 그냥 주인이 주는 대로 술상을 받아야 한다.

인근 시장에서 제철에 나는 것 중 싸고 많이 나는 싱싱한 식재료로 조물조물 음식을 만들어 제공하기에 그럴 수밖에 없는 것이다. 그러니 매일매일 새롭고 맛깔스러운 안주를 사시사철에 걸쳐 먹을 수가 있다.

한때 실비집은 맥주를 중심으로 술값만 받고 안주는 무제한 공짜로 주는 방식이었으나, 세월이 흐르면서 넉넉한 안주를 제공하는 대신 술값을 더 얹어서 받는 형태로 변했다. 지금은 '통영 다찌'나 '마산 통술'처럼 1인당 일정액의 안줏값을 받는 방식으로 바뀌고 있다.

비교적 진주 술꾼들에게 잘 알려진 실비집에는 제철 따라 나오는 스무 가지 안팎의 안주를 넉넉하게 받아볼 수가 있는데, 아주 다양하고 풍성한 음식들이 차려진다.

진주 서민의 음주문화를 대표하는 진주 실비의 가장 큰 특징은 정해진 상차림이 없다는 것이다. 그냥 주인이 주는 대로 술상을 받아야 한다. 일종의 '오마카세'인 셈이다. 매일 새롭고 맛깔스러운 안주를 사시사철 먹을 수 있다.

멸치회 무침

상차림을 살펴본다. 전화로 예약할 때 안주 몇 가지가 떨어졌다고 주저하더니, 차려지는 모습을 보니 보통이 아니다. 자연산 생선회에 전복, 멍게, 소라회, 낙지탕탕이, 생굴 무침, 멸치회 무침, 꽃게찜, 가리비, 꼬막 숙회, 대하찜, 죽방렴 갈치구이, 해물 빈대떡, 새우튀김, 조개 미역국 등이 줄을 지어 상에 오른다.

10월인데 벌써 햇굴이 나오는지 생굴 무침이 상에 올랐다. 한 점 집어 먹어보니 갯냄새가 입안에서 진동한다. 질릴 정도의 고소함과 맵싸한 양념에 짭조름한 젓갈 등이 어우러져 흔쾌하기 이를 데 없다. 꼬들꼬들 씹히는 고랑치를 비롯한 가을 생선회도 좋고, 전복, 멍게, 소라, 낙지회도 달큰쌉쌀하고 살강살강하니 쫀득쫀득하다. 차례차례 하나씩 음미를 한다.

찬 음식을 먹었으니 조금 속을 데워야겠다. 새우튀김과 해물 빈대떡으로 술 한잔 한다. 적당히 기름지고 고소한 음식이 속과 입을 따듯하게 데워준다. 그리고는 다시 새로운 음식에 젓가락을 가져간다.

갓 쪄낸 가을 꽃게 속에는 뽀얀 살점이 꽉꽉 들어차 웅숭깊고, 가리비 숙회와 꼬막 숙회 또한 입안에 바다의 짙은 맛이 물결치듯 넘쳐흐른다. 남해 죽방렴에서 건져낸 갈치구이는 부드럽고 고소함이 남다르다. 크지는 않지만, 살이 통통한 것이 진한 풍미를 내고 있어 참 좋다.

마지막으로 조개 미역국이 나온다. 대부분 경남의 비슷한 형태의 술집은 마지막에 술국이 나온다. 이 술국이 나오면 이제 안주가 다 나왔다는 뜻이다. 음식이 다 나왔으니 술국으로 시원하게 해장을 하라는 것이다.

조개는 대합을 썼다. 조갯국 중에 가장 시원하고 개운한 육수를 내는 조개다. 특히 진주를 중심으로 한 인근 지역 대부분이 이 대합으로 제사의 탕국이나 비빔밥 등과 곁들이는 국을 끓인다.

한술 뜬다. 뜨끈한 조개 국물이 속을 환하니 풀어준다. 미역 육수의 걸쭉함 또한 속을 다독여 준다. 자칫하면 이 진하고 시원한 조개 미역국이 오히려 해장이 되며 술을 더 부를 수도 있겠다.

'진주 실비'는 '통영 다찌', 창원 '마산 통술'과 함께 '경남의 3대 서민 음주문화의 공간'이다. 지금은 타지의 관광객이 지역의 음식문화를 체험하는 관광문화자원이 되었지만, 한때는 서민의 지친 몸과 마음을 내려놓고 지인들과 하루의 피로를 술 한잔에 담소로 풀어내던 문화사랑방 같은 장소였다.

모쪼록 진주의 실비집을 비롯한 경남의 이 모든 서민 술집들이 좋은 사람과 허물없이 하루의 일상을 나눌 수 있는 공간으로 계속 남기를, 역사의 뒤안길로 쓸쓸히 묻히지 않기를, 바라고 바랄 뿐이다.

창원 마산 통술

상다리가 휘어지는 풍경

멀리에 벗이 있으면 그 또한 좋다. 가끔씩 그리워하다가, 문득 보고 싶을 때 한달음에 달려가 박주일배(薄酒一杯) 기울일 수 있기에 그렇다. 그가 와도 좋으나 그에게 가는 시간의 즐거움이 더 큰 나이에 이르렀다.

시외버스 타고 끄덕끄덕 마산으로 술 마시러 가는 일이 기껍고 흔쾌한 날, 그도 그런 마음인지는 모르겠으되, 멀리서 한달음에 마중 나온 그의 모습이 보이자 서로 왈칵 반갑다. 여고 선생님을 퇴직하고 하루에도 시 몇 편씩 퇴고하며 사는, 마산의 성선경 시인 손에 이끌려 신마산 통술집에 앉는다. 한 상 가득 차려지는 술상을 보니 감회가 새롭다. 그도 그럴 것이 한때 통술집은 마산 문화예술인의 참새방앗간이었고, 타지 손님을 극진히 모셔 대접하는 자리이기도 했다. 통술집 방안에서 '술병으로 병풍을 세우며 밤새 마시던 호기' 또한 마산 사람들의 시원시원한 기질을 여실히 반영하던 자리였다.

경남 창원시 마산합포구 두월동 신마산통술거리

그래서 통술은 마산 사람의 성정을 이해하는 키워드이기도 하다. 3·15 의거와 부마항쟁 등 역사의 한 페이지를 들추지 않더라도 그들의 투박하면서도 세심하고, 열정적이면서 따뜻한 마음이 그대로 드러나는 자리가 통술집이다.

경남에는 마산의 통술집처럼 독특한 술집 문화가 여럿 자리 잡고 있다. 통영의 '다찌집'과 진주의 '실비집' 그리고 마산 일대의 '통술집'이 그것이다. 각각의 지역 특성과 문화를 잘 살린 술집들로, 대부분 일제강점기와 한국전쟁 시기를 견뎌야 했던 서민의 아픔을 기억하는 곳이다. 이 세 지역의 술집은 모두 앉자마자 술과 함께 안주가 푸짐하게 한 상 차려져 나오는 것이 특징인데, 그 종류나 가지 수가 20~30여 가지에 이른다. 술값 안에 안주 가격이 포함되는 방식으로 '술 몇 병에 안주 한 상'을 기본으로 해서, 이후 추가로 주문하는 술 한 병에 새로운 안주가 제공되는 방식이다.

그중 제일 맏형 격이 통영 다찌이다. 통영 다찌는 일본인이 조선 수산물을 수탈하던 거점이던 통영지역의 근대사와 관계가 깊다 할 수 있다. 일제강점기에 어획량이 급증한 통영항 주변에는 넉넉한 호주머니의 일본인 어부들을 위한 독특한 음주 문화가 정착하는데 이것이 통영 다찌의 시작이라는 것.

진주 실비는 싼값에 술과 안주를 제공한다는 뜻에서 '실비(實費)집'으로 부르게 되었는데, 일정액의 술값을 내면 안주가 공짜다. 술을 마실수록 새로운 안주가 추가된다. 마산 통술의 유래는 술상 한 상을 통으로 냈기 때문이라는 설과 술을 통 안에 담아 제공했기 때문이라는 설이 분분하다.

이들 세 종류 술집 가운데 통영의 다찌 문화가 가장 오래됐고 통술집은 대략 1960~1970년대, 실비집은 1980년대 무렵 등장하기 시작했다고 전한다. 이들의 탄생 배경을 통영 다찌에서 근거를 찾는 전문가가 많다. 어찌 됐든 마산의 통술은 마산의 대표적인 술상 문화로 마산 서민의 큰 사랑을 오래 받아왔다. 1960~1970년대 마산의 고급 요정들이 쇠퇴하자 그 자리에 싱싱하고 다양한 안주를 싸고 가볍게 판매하는 집들이 생겼는데, 이것이 통술집의 시작이라 한다.

통술집은 오동동과 합성동 뒷골목에서 한 집 두 집 생기기 시작했는데, 마산어시장이 지척이다 보니 싱싱한 해산물을 싸게 사 푸짐하게 음식을 내놓은 것이 지금에 이른다. 지금은 통술집골목이 두 곳에 걸쳐 있는데 '오동동 통술집 골목'과 '신마산 통술거리'가 그것이다. 통술집의 특징은 처음에 한 상 차려진 음식이 가득한데도, 술자리가 끝날 때까지 음식이 계속 줄을 잇는다는 점이다.

그날그날 잡은 해산물로 음식을 내기에 푸짐한 해산물 잔칫상을 받는 느낌이다. 제철 식재료를 활용하기에 사철의 술상 변화가 뚜렷한 점도 통술만의 특징이라면 특징이겠다. 소박하지만 '상다리가 휘어지는 풍경' 바로 그것이다. 테이블에 앉자마자 몇 병 술과 함께 바다 냄새 물씬 나는 굴무침이 나온다. 쪽파와 땡초를 함께 넣고 조물조물 무친 굴무침은 겨울철 입맛 돋우는 데는 최고 반열이다. 매콤짭짤하면서도 들큰하게 고소한 맛이 그저 그만이다.

본격적으로 통술 안주가 상에 오르는데, 겨울철 식재료로 조리한 음식이 눈에 띈다. 빨간 양념을 올린 가오리찜, 붉은 메기(나막스)구이 등 따뜻하고 짭조름한 음식이 속을 데우고 입맛을

키조개 관자구이

다시게 한다. 바삭바삭 튀긴 학공치 튀김도 고소하기 이를 데 없다. 곧이어 해산물이 본격적으로 등장한다. 투명하게 싱싱한 호래기 회를 시작으로 꼬들꼬들 해삼, 쫄깃쫄깃 소라, 부드럽고 다디단 가리비조개, 키조개 관자구이가 속속 상을 채운다. 빨갛게 잘 익은 꽃게도 풍성하게 접시에 앉는다. 부드럽고 달콤한 게살이 알알이 꽉 차 흥겹다. 오랜만에 볼락구이를 맛본다. 두 손으로 들고 살을 발겨 먹는다. 작은 볼락은 대가리부터 꼬리까지 다 먹을 수 있어 좋다. 볼락을 씹어 먹고, 발겨 먹고, '쪽쪽' 빨아 먹는다. 그 고소함이 어디 비할 데가 없다. 장어구이탕수도 달콤짭조름해 자꾸 손이 가는 매력이 있다. 추운 날 몸을 데워주는 홍합만둣국도 좋다. 땡초를 넉넉하게 넣어 시원하면서도 칼칼함이 두드러진다. 한 술 두 술 뜰 때마다 그 시원함이 끝이 없다. 말미에 출렁이는 바다 냄새 또한 참으로 기껍다.

좋다. 참 좋다. 오랜만에 만난 벗과 통술로 통음하는 자리. 그가 권하는 술에 취하고, 그가 전하는 말에 취하고, 그가 흥얼대는 노래에 취하여 밤이 깊어간다.

참 괜찮은 저녁이 흐르고, 참 괜찮은 취기가 도도히 흐른다. 참 괜찮은 벗의 배웅을 받으며, 참 괜찮은 그의 시집을 읽으며 부산을 향한다. 참 괜찮았던 시간, 이 모두 통술 같은 벗과 통술로 통음했기 때문이리라.

다양한 제철음식이 한 상 차려지는 통술

2

소울푸드,
몸과 마음을 따뜻하게 녹이다

함안 소고기국밥

경상도식 장터 소고기국밥 한 그릇

봄날 장터에는 모든 생명이 푸릇푸릇하다. 싱그럽고 활기차다. 이런 장날이면 인근 마을 사람은 거의 다 장에 모인다.

구경거리가 변변하지 않았던 시기에는 장날이 곧 축제날이었다. 온갖 물건을 다 구경하고 필요한 생필품도 한 손 가득이다. 이참에 반가운 사람과도 만나 서로 안부를 묻는다. 그러다 배가 출출해지면 주막에서 장터국밥에 막걸리 한 잔 넉넉하게 걸치는 것이다. 따뜻한 봄날, 장터 주막에서 한 잔 술에 기분은 도도해지고 불콰한 얼굴에는 미소가 떠나지 않는다.

예부터 '장날에는 장터국밥'이란 말이 있다. 5일마다 장이 서기에 장날만큼은 꼭 장을 봐야 하고, 장에 간 김에 '장터국밥' 한 그릇으로 나름 외식을 하는 것이다. 그러하기에 장터국밥은 '장날, 장터에서 먹어야 제맛'이라는 것이다.

장이 서면 장터에 천막을 치고 큰 가마솥을 걸고 국밥을 끓여 내는데, 그 구수하고 얼큰한 고깃국 냄새에 그냥 지나칠 수는 없

경남 함안 소고기국밥. 콩나물과 무 등을 넣어 끓인 후 매운 양념 넣고 국밥으로 말아낸다.

는 요령이다. 그중에서도 쇠전(우시장)이 크게 열리는 장터에는 소고기 사태나 양지, 소머리와 사골 부위 등으로 푹 끓여내는 '소고기국밥'이나 '소머리국밥'이 일품이다.

봄볕 화창한 날, 자주 보는 술친구 셋이서 장터국밥 이야기를 하다가 서로 마음이 동했다. 이 봄날, 가마솥에서 슬슬 끓는 장터국밥에 막걸리 한 잔 마시러 가자는 것이다. 부산의 서부, 일명 서부 경남의 유명한 장터국밥, 그 중에서도 심심찮게 들렀던 '내공 있는 소고기국밥 노포(老鋪, 대대로 물려 내려오는 점포)'를 찾아가기로 했다.

함안의 옛 함안장터에 있는 '한우 국밥촌', 의령장 뒤편의 '소고기국밥 골목', 합천 삼가장의 '삼가 한우거리' 등이 그곳이다. 한때 모두 큰 쇠전이 열리던 장터의 오래된 소고기국밥 집들이다.

예부터 함안, 의령, 삼가는 경남에서 가장 큰 장시(場市)를 형성했던 지역이었다. 그뿐만 아니라 경남의 중앙에 위치해 동부 경남과 서부 경남의 교통요충지이자, 동서 물류의 중심지이기도 했다. 큰 장시에는 당연히 큰 쇠전이 선다. 이곳 지역 역시 큰 쇠전으로 유명했다.

큰 쇠전이 있던 지역은 신선한 소고기로 끓여내는 맛있는 국밥으로 유명했는데, 전국적으로 경기도 안성, 충청도 공주, 전라도 나주, 경상도 영천과 함께 함안이 대표적이라 하겠다. 영천은 소머리로 국을 내기에 '소고기국밥'으로는 함안이 그 대표격이라 할 수 있겠다.

부산에서 1시간도 채 되기 전 함안에 도착한다. 함안은 경남의 중앙에 위치하면서 경남의 주요 도시를 연결하는 사통팔달의 교통 중심지였다. 수많은 사람이 함안을 거쳐 가며 출출한 속을 채웠는데 그 대표적인 음식이 소고기국밥이다.

함안 쇠전을 통해 공급받은 양질의 소고기와 무, 콩나물, 파 등 채소를 넉넉히 넣고 고춧가루로 벌겋게 끓여내는 함안 소고기국밥은, 국물이 얼큰하면서도 시원하고 진하면서도 깔끔한 맛이 특징이다. '경상도식 소고기국밥'의 전형으로 알려져 있다.

현재 함안면사무소 뒤편 옛 함안장터에는 '한우국밥촌'이란 이름으로 '대구식당', '한성식당', '시장 한우국밥' 등 소고기국밥 전문식당 세 곳이 영업하고 있다. 그중 가장 오래되고 유명한 소고기국밥 집은 대구식당. 60여 년째 영업 중인 곳이다.

대구에서 시집을 온 여인이 장터 근처, 살고 있던 집 한쪽을 빌

함안 소고기국밥을 토렴하고 있다.

려 국밥을 말아 팔았던 것이 시작이다. 고향 대구를 식당 이름으로 지어 오늘에 이르고 있다. 한옥을 개조해 만든 식당 안으로 들어서면 입구에 큰 가마솥이 걸려 있고, 솥 안에는 벌건 소고기국이 설설 끓고 있다.

가마솥 앞에서 주인장이 국밥 토렴하랴, 수육 썰어내랴 무척 분주하게 몸을 움직인다. 어릴 적 기억하고 있던 장터국밥집 풍경 그대로이다. 이곳 소고기국밥은 사태와 양지, 홍두깨살, 갈빗살 등을 푹 곤 육수에 콩나물, 무 등을 넣어 끓인 후 다시 매운 양념을 해서 국밥으로 말아낸다.

오로지 소고기로만 국을 끓여내기에 메뉴 이름조차도 그냥 '국밥'이다. 당연히 소고기로 끓여내는데 새삼스레 소국밥이니 소고기국밥이니 요란스레 얘기할 필요가 없다는 것이다. 그냥 '장터국밥'이라는 것이다.

이곳은 특이하게도 세 가지 형식으로 국밥을 제공한다. 밥으로 말아낸 일반 '국밥'과 국수를 넣어 말아낸 '국수', 밥과 국수를 함께 말아서 내오는 '짬뽕'이 그것이다. 손님의 취향에 따라 선택해서 먹으라는 배려가 돋보인다. 모두 뜨끈하게 토렴하여 상에 올린다.

방 안으로 들어가니 좌석에 따라 우리 전통 소반(小盤)이 가지런히 놓여 있다. 마치 옛 장터 주막에서나 봄 직한 소반이다. 세월의 더께가 묻은 소반 위로 소고기국밥이 오르는데 꽤 그럴싸하다. 국밥 위에 화룡점정처럼 후춧가루가 솔솔 뿌려져 있다.

반찬은 단출하다. 김치와 고추, 양파 그리고 찍어 먹을 된장이

전부다. 늘 봐왔던 경남 소고기국밥의 기본 찬이다. 그래, 맛있는 장터국밥에 반찬이 무에 대수인가. 온전한 국밥 한 그릇이면 그것으로 오롯한 것을.

국물 한 숟가락 뜬다. 조선간장으로 간을 했는지 개운하면서도 맛이 진하고 깊다. 칼칼한 뒤끝도 좋다. 얼큰하니 속이 확 풀린다. 두툼한 고기 한 점 집어 먹는다. 오래 삶아서인지 부드럽고 연하다. 결따라 씹히는 식감도 좋다. 가끔 씹히는 지방 부위는 고소하기 이를 데 없다. 참 흔쾌하다.

국밥을 휘휘 저어 한 술 떠먹는다. 아삭한 콩나물이 씹히고 야들야들한 고기가 뒤이어 씹힌다. 국물이 잘 밴 밥알이 혀 안에서 감돌고, 진하고 매콤한 국물은 이들을 감싸 안고 잘 어우러진다. 한 술 두 술 허벅허벅 정신없이 떠먹는다.

김치 한 점 맛을 보니 갓 담근 아삭아삭한 싱싱함이 괜찮다. 국밥 한 술에 한 점 얹어 먹으니 구수한 국밥에 파릇한 배추 맛이 곁들여져 잘 어울린다. 과연 국밥에는 맛있는 김치가 제짝이다.

이러구러 국밥에 코를 박고 먹다 보니 바닥이 서서히 보인다. 콧등에는 송골송골 땀이 맺히고, 청양고추 몇 개 먹은 입술은 얼얼하다. 국밥 한 그릇 뚝딱하고 부른 배를 두드리고 있자니, 어린 시절 집안 어른과 함께 장터국밥을 먹던 추억이 새록새록 하다.

다시 국도를 따라 의령장으로 길을 향한다. 구불구불 국도가 이리 돌고 저리 돌며 길을 낸다. 살랑살랑 바람 좋은 봄날, 술친구들과 장터국밥 먹으러 가는 길. 이 길이 참으로 기껍고도 기껍다.

의령·합천 장터국밥

노포의 구들방을 차지한 가마솥에서 끓여내는 국밥의 맛이란

경남 함안에서 의령으로 가는 국도는 싱그럽다. 산들바람도, 햇볕조차 싱그럽다. 남강 정암교를 건너니 바로 의령군 읍내다. 큰 장시(場市)가 서는 곳은 쇠전도 크게 선다. 큰 쇠전이 있는 장시는 현금 거래도 많아 모든 것이 풍부하고 흥청망청 인심도 후했다.

"어느 장시든 쇠전골은 장터 맨 안쪽에 있었는데 그곳은 온종일 사람들로 북적였어요. 특히 쇠전골 주막에는 소를 판 사람도, 소를 산 사람도 소 팔아서 한잔하고 소를 샀다고 한 잔 마시며 장터국밥 한 그릇씩 하는 거예요. 소간이나 천렵 등으로 술안주 삼기도 하고요." 민속학자인 주경업 선생의 말이다.

"쇠전골 안에서 천막 치고 국밥을 말아주는 집은 대부분 돼지국밥을 팔았어요. 소고기국밥은 비싸다 보니 그래도 식당을 겸하는 집 안에서 대접받듯 먹곤 했지요. 커다란 가마솥을 방 안 구들 옆 화덕에 걸어놓고 주인장이 기다란 청동 국자로 한 그릇씩 토

큰 가마솥 앞에 소고기국밥이 놓여 있다.

렴해 손님들에게 먹이곤 했습니다."

의령 또한 우시장이 큰데다 전통적으로 민속 소싸움도 열리는 소의 고장. 의령장 뒤편 의령군청 인근 골목에는 의령 한우로 소고기국밥을 끓여내는 장터국밥 골목이 있다. 이곳 국밥 집 대부분이 60, 70년이 훌쩍 넘어가는 노포(老鋪)들이다. 한국전쟁 전후로 장터에서 국밥을 말아왔는데, 모두가 큼지막한 가마솥에서 푹 끓여내 국물이 진하고 얼큰한 맛이 특징이다.

그중 '종로식당'은 1940년대 후반부터 의령 오일장에서 국밥 장사를 시작했다. 남해고속도로 건설이 한창일 때는 순시를 나온 박정희 전 대통령이 이 집 국밥을 먹고 갔고, 전두환 전 대통령도 고향 합천에 들를 때마다 먹었다는 이야기가 있다. 그래서 호사가들 사이에서는 이 집 국밥을 '대통령 국밥'이라 부르기도 한다.

이 집 상호에 관한 에피소드도 재미있다. 한국전쟁이 끝나고 사회 전반의 질서가 잡힐 무렵, 읍사무소에서 '국밥집을 계속하려면 영업 신고를 하라'고 통지가 왔다. 영업 신고를 하려니 정작 상호조차 없던 상황. 읍장이 "예를 들어 '종로식당'이라든지 이런 식으로 지으면 됩니다"라고 알려주었는데, 주인장인 고 이봉순 할머니가 그대로 '종로식당'이라 상호를 써낸 것이 지금의 이름이 되었다는 것이다.

의령 소고기국밥 집은 대부분 가마솥이 방 안에 들어와 있는 것이 특징이다. 한때 1대 할머니들이 뜨뜻한 구들방 가마솥 앞에서 한 그릇, 두 그릇 주문에 따라 따끈하게 소고기국밥을 말아냈단다. 지금은 2대, 3대가 대를 이어 운영하고 있다.

합천 삼가 소고기국밥

의령 소고기국밥이 뚝배기에 한 그릇 그득하게 담겨 나온다. 소고기, 콩나물, 무, 대파로만 국을 끓여냈는데도 국물이 시원하면서도 진하기 이를 데 없다. 소고기가 뭉텅뭉텅 큰 덩어리로 들어가 있는데, 아마도 덩어리 고기가 진한 국 맛을 내는 것 같다. 무와 콩나물이 내는 시원한 맛과도 조화롭다.

고기를 한 점 씹어 먹어 본다. 덩어리 고기인데도 연하고 부드럽다. 뒤 끝에 단맛이 기분 좋게 감돈다. 김치와 함께 먹어 본다. 경상도 시골 김치 특유의 짭짤한 맛이 뒤따른다. 국밥 서너 술 떠먹고 김치 한 점 먹으니 입안이 개운해진다.

종로식당은 소고기국밥과 더불어 곰탕도 낸다. 점심시간에만 한정해 입에 쩍쩍 달라붙는 뽀얀 국물의 곰탕을 맛볼 수 있다. 소고기 편육이 수북하게 들어가 있는데, 소금에 살짝 찍어 먹으면 부드러우면서도 고소하고 진한 맛의 소고기 수육을 맛볼 수 있다.

그 옆의 수정식당은 현지인이 추천하는 70년 세월의 소고기국밥 집으로, 3대에 걸쳐 예전 장터국밥 맛 그대로 말아내고 있다. 새벽부터 사골과 소고기를 넣고 반나절 가까이 끓여낸 진한 육수에 밥을 말아 제공하고 있다.

합천군 '삼가면'은 공기가 맑고 주변 산지가 잘 형성되어 오래전부터 소를 많이 키웠다. 특히 삼가장은 미곡장과 우시장이 크게 섰었기에 식육식당이 많았다. 이런 이유로 장터국밥이 자연스럽게 발달하여 소고기국밥은 장터를 찾는 사람들의 대표적인 먹거리이다.

지금도 삼가장 곳곳의 식육식당에는 한 곳에선 소고기를 직접 잡아 정육으로 팔고, 다른 한 곳에선 소고기 구이와 장터국밥을 제공하고 있다. 특히 황토를 먹여 한우를 사육하기에 고기 맛과 영양성분이 좋아 외지인들에게도 큰 인기다.

그러나 삼가장은 함안·의령장과 달리 한우구이를 전문으로 하는 거리로 점차 변화하고 있다. 1987년 대가식육식당이 정육한 소고기를 직접 구워 먹을 수 있게 하면서 이러한 식당이 하나둘 늘어난 것. 현재 약 20여 개의 한우식당이 상품의 한우를 싸게 제공하고 있다.

장날을 맞아 삼가장 일대는 사람들로 넘쳐난다. 곳곳의 한우고기집들은 자리가 없을 정도다. 그러다 보니 바쁜 시간에는 소고기국밥을 팔지 않는 곳이 많다. 몇몇 식당을 돌아 어렵사리 점심으로 소고기국밥을 시켰다.

얼마지 않아 국밥이 상에 오른다. 국과 밥이 따로 나오는 '따로국밥' 형태다. 소고기국은 뚝배기에서 파르르 끓어대고 있다. 가마솥에서 따로 덜어내 뚝배기에서 다시 한번 끓여내는 것 같다.

국을 휘저어 보니 콩나물과 무, 파 등과 함께 토란 줄기도 들어가 있다. 언뜻 보면 육개장 느낌이다. 국물이 진하면서도 슴슴하다. 그래서인지 계속 떠먹으니 개운하다. 함안, 의령과는 달리 뭉텅이 고기가 아닌 자잘하게 토막 낸 고기들이 제법 많은 양으로 들어가 있다. 아마도 소고기를 부위별로 정형하면서 남은 고기를 챙겨두었다가 아낌없이 넣고 끓여내는 듯하다.

소고기 한 점 씹으니 부드럽다. 이가 부실한 사람도 맛있게 먹을 수 있을 정도로 살살 으스러지듯 씹힌다. 그리고 고소함이 입안을 감돈다. 뜨끈한 소고기국에 밥을 만다. 그리고 깻잎장아찌를 국밥에 올려 먹는다. 구수한 국밥에 짭조름한 깻잎장아찌가 잘 어우러진다. 이렇게 허벅허벅 금세 한 그릇 뚝딱 비우고 만다.

든든한 하루 세끼의 경남 옛 쇠전 소고기국밥 기행. 그것도 좋은 친구들과의 여행이라 여유롭고도 흔쾌하다. 길을 가다 우연히 들른 은진 송씨 종택에서 맛본 종가 술 '고가 약주'와 손두부 또한 가히 선비놀음의 제일 윗자리 일미였다.

아! 또 하나. 저물 무렵 친구 시골집 가마솥에서 소나무 화목으로 푹 끓여낸 고기 수육도 근래에 들어 가장 기꺼운 음식이었다. 이렇게 좋은 동행과 좋은 음식, 세월을 따라 휘돌아 드는 넉넉한 시간이 참으로 좋다. 멀리 개 짖는 시골집 푸른 밤하늘이 서서히 깊어만 간다.

울산 언양 소머리국밥

12가지 맛을 품다

울산 울주군 언양읍은 예부터 한우 사육과 더불어 소시장이 크게 열리던 지역이었다. 그 때문에 품질 좋은 소고기 또한 많이 생산·보급하던 곳이기도 했다. 특히 언양장을 중심으로 도축하고 난 소의 부산물을 이용한 음식들이 개발되는데, 그중 소대가리를 푹 고듯이 삶아서 조리해내는 소머리국밥은 많은 이들의 사랑을 받던 장터 음식 중 하나였다.

일제강점기부터 언양에는 도축장과 정육점이 성업했고, 1960년대에는 경부고속도로 건설과 자수정 광산 개발로 인해 전국에서 많은 사람이 언양으로 몰려들었다. 개발 붐을 타고 언양의 경기 또한 크게 나아져 소고기 소비 또한 급격하게 늘어났다.

벌이가 넉넉한 이들은 연탄불에 은근하게 구워내는 언양식 '석쇠 소불고기'로 입맛을 돋웠고, 노동자나 서민들은 소대가리 등 부산물을 장만하여 오래도록 끓여낸 '소머리국밥'을 먹게 되었다.

국물은 담백하면서 구수하고, 고기는 쫀득하면서 찰기가 있는 언양장터의 소머리국밥은 오래전 언양장터의 별미로 자리 잡았었지만 이 시기를 거치며 전국적으로 그 이름을 알리게 된다.

요즘도 '소머리국밥 한 그릇 먹으러 언양 장 간다'는 말이 있을 정도로 언양 사람들에게는 추억의 음식으로 널리 사랑을 받고 있다. 양도 넉넉해서 영남알프스 능선을 따라 산행을 마친 등산객들에게도 따뜻한 한 끼의 식사를 푸근하게 대접하는 음식이기도 하다.

최근에는 먹방의 영향으로 장터의 원조 격인 소머리국밥집은 장날 점심때면 오래도록 줄을 서야 겨우 한 그릇 먹을 수 있을 정도이고, 주변에 고만고만한 유사한 국밥집들이 들어서 명실상부한 소머리국밥 장터로 활기를 띠고 있다.

오랜만에 들른 언양장터를 어슬렁거리며 장 구경을 한다. 마침 장터 한쪽에서 한 아낙이 갓 삶은 소머리를 한창 해체하고 있다. 오래 해왔던 작업인 듯 손길이 능숙하고 거침이 없다. 뜨거운 김이 슬슬 오르는 소머리를 뼈와 뼈 사이로 요령껏 분리하여 먹음직한 소머리 수육으로 장만하는 것이다.

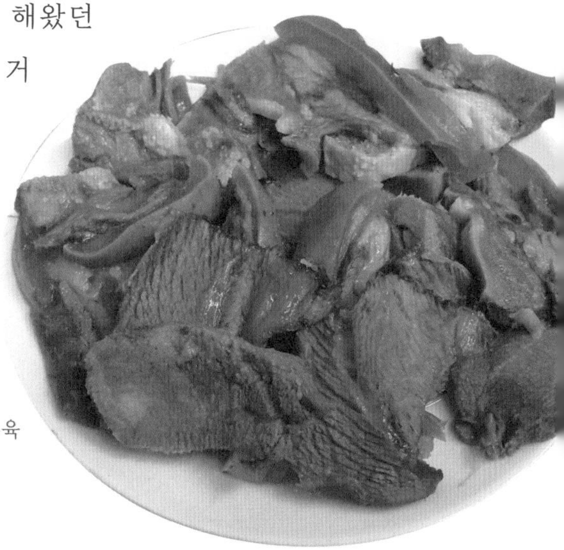

소머리수육

아낙의 손길에 따라 고기와 뼈가 결 따라 착착 분리된다. 보기에도 탱글탱글하면서 부드러운 소머리 수육의 질감이 느껴진다. "이 소대가리에서 대여섯 가지 부위를 수육으로 장만해 내고 있어요." 아낙의 말이다.

일제강점기 재야 지식인이었던 이용기 선생이 편찬하여, 우리나라 근대 3대 요리책 중 하나로 평가를 받는 『조선무쌍신식요리제법(朝鮮無雙新式料理製法)』의 '쇠머리 편육' 편을 살펴보면 '쇠머리에는 12가지 맛이 있다'며 그중에 '소 혀'와 '소 혀 밑 살' 등이 상급이라고 기술하고 있다.

언양 장의 소머리국밥 원조 격인 식당을 찾았다. 오후 1시가 지났는데도 길게 줄을 섰다. 자리를 잡고 '소머리곰탕'과 '소머리 수육 백반'을 주문한다. 곧이어 대파를 동동 띄운 곰탕과 먹음직한 수육이 한 접시 차려진다.

설설 끓는 곰탕을 한술 뜬다. 진하다. 국물이 진해 입술이 서로 붙을 정도다. 온 입안을 감싸는 감칠맛은 그야말로 온 침샘을 폭발하듯 자극한다. 그런데도 국물 본연의 뒷맛은 개운하고 담백하다. 그러하기에 질리지 않고 계속 숟가락을 들게 하는 매력을 가진다. 뜨거운 국물이 추운 날씨에 얼어 있던 몸을 일시에 녹이는 것도 흔쾌하다.

수육은 소머리에서 나오는 다양한 육질과 식감을 맛볼 수 있도록 부위별로 장만해 한 접시에 담았다. '볼살' 껍질 부분은 쫀득쫀득하고 안쪽 부분은 부드러우면서 고숩다. '혀 살'은 연하고 야들야들하면서도 풍미가 좋다. 잘 썰어놓으면 수육 한 점에 오들

울산 울주군 언양읍 언양 장터에서 사랑받고 있는 소머리국밥

오들 쫀득쫀득 보들보들 미끈미끈. 별별 식감과 각기 다른 풍미를 접하는 호사를 누리기도 한다.

몇몇 이들에게 소머리국밥을 내기 위한 지난한 작업을 전해 듣는다. 우선 좋은 소대가리를 큰 가마솥에 넣고 비린내를 잡기 위해 대파, 무, 마늘 등속을 함께 넣고 푹 삶는다. 7~10시간 정도로 고면서 국물 위로 뜨는 기름을 제거한다. 그리고 잘 삶아진 소대가리를 해체하여 수육용 고기를 장만한다. 이렇게 고기를 준비해놓고 주문대로 뚝배기에 고기와 사골국물을 부어 끓이다가 대파를 넣고 밥과 함께 내면 든든한 언양 소머리국밥이 상에 오르는 것이다.

언양 소머리국밥은 국밥과 함께하는 김치 또한 서로 잘 어울린다. 배추김치와 깍두기 2종을 내는데, 배추김치는 배추의 사각

대는 조직감이 살아 있으면서도 양념이 김치 속으로 잘 스며들어 시원하고 맛의 깊이가 있다. 깍두기도 입안을 개운하게 가셔주는 역할을 해 다시 짙은 풍미의 수육에 젓가락질하게끔 한다.

마지막으로 국물을 반쯤 먹고 난 후 양념장을 풀어서 한 숟갈 떠본다. 국물 맛이 전혀 다르게 변신을 한다. 맛의 진폭이 더욱더 넓어졌다고나 할까? 더 구수해지면서 감칠맛은 살아나고 약간의 매콤한 맛이 추가돼 개운해지기도 한다. 오랜 상차림에서 오는 세세함의 깊이가 남다르다.

우리네 서민들에게는 아주 친숙하고 정겨운 음식, 장터국밥. 그중에서도 우시장이나 도축장이 있는 지역이면 흔히 맛볼 수 있는 선지 소고기국밥과 소머리국밥. 특히 소대가리는 예로부터 서민들에게 너무나도 소중한 보양과 미식의 식재료였다.

소머리 부위에서 발라낸 다양한 맛과 식감의 고기를, 구워 먹고 삶아 먹고 국밥에 말아 먹고 편육으로 만들어 먹었던 우리 민족의 지혜와 알뜰함이 엿보이는 소머리고기. 한 겨울을 든든하게 지내는 음식이기도 하겠다.

고성 총쟁이국밥

총쟁이국밥 먹으러 장터에 간다

음식은 맛으로 먹는 것이지만 눈으로도 먹고 귀, 코, 그리고 촉감으로도 먹는다. 오감의 감수성을 총동원하여 맛을 탐구하는 것이 '먹는 행위', 식사(食事)인 것이다. 음식을 먹는 행위는 차가운 이성이 아니라 풍성한 감성이 주관하기에 맛의 세계는 더욱 풍요로워진다. 그만큼 정량화되지 않고 주관적인 개념이 앞서는 것이 음식의 영역이다.

가장 감상적인 감각이 실재하는 행위이기에 인간 희로애락이 얽힌 재미난 이야기 또한 덧입혀지기도 한다. 지역의 오래된 음식이거나 특별한 식재료로 조리한 음식 등은 그들만이 가지는 스토리텔링이 있다.

그 음식 속 스토리가 음식의 맛을 더욱 짙고 걸쭉하게 만든다. 경남 고성의 '총쟁이국밥'과 '월평리 구장술'에 얽힌 이야기 역시 마찬가지이다.

예부터 우리네 장터에는 맛있고 후한 인심의 장터국밥집이 한

둘씩은 있었다. '국밥 먹으러 장에 간다'는 말이 있을 정도로 '장날과 국밥'은 떼려야 뗄 수가 없는 관계이다. 장 보러 온 사람이나 장에 팔러 온 장꾼이나 국밥 한 그릇 뚝딱해야지만 '볼 장 다 본 것'이다.

고성장도 마찬가지이다. 한국전쟁 이후 고성장에는 총쟁이(포수) 집안의 여인이 큰 가마솥을 걸어놓고 국밥을 팔았다. 그 맛이 너무 좋아 고성뿐만 아니라 인근 지역의 사람들도 장날이면 이 여인의 국밥을 먹으러 일부러 장을 찾곤 했다.

당시 상호를 걸어놓고 영업을 하던 시절이 아니었기에 총쟁이 집안 여인이 하는 국밥집이라고 '총쟁이집', 그리고 그 국밥을 '총쟁이국밥'이라 불렀다. 지금은 고인이 된 박덕선 할머니가 총쟁이집 주인장이었다.

박 할머니는 음식 솜씨가 좋은 데다 인심도 후해 언제나 국밥을 넉넉하게 말아주기로 유명했다. 이뿐만 아니라 거지들에게도 문전박대하지 않고 고기 넉넉히 넣은 따뜻한 국밥을 매번 먹이는 인정을 베풀었다.

주위 장터 사람들에게도 "고기 몇 모타리에 국물 쪼매만 더 부으면 되는 거로 머 그리 야박하게 구노?" 하며 거지 타박을 말리기도 했다. 그러다 보니 총쟁이집 인심은 고성에서 모르는 사람이 없을 정도였고, 총쟁이국밥 한 그릇 안 얻어먹어 본 고성 거지가 없을 정도였다.

"고성에서 '총쟁이집' 하면 모르는 사람이 없었어요. 소고기국

경남 고성의 염소국밥. 고인이 된 박덕선 할머니가 처음 고성장에서 말아 판 '총쟁이국밥'의 대를 이 염소국밥이 잇고 있다.

밥을 잘 끓였는데 맛도 좋고 인심이 좋아서 장날이면 가게 앞에 길게 줄을 섰지요." 어린 시절 고성장터에서 자란 고성토박이 임강백 씨의 말이다.

그러다 보니 박 할머니가 세상을 떠나자 고성의 거지들이 개울가에서 몸을 깨끗이 씻고 천과 대나무막대기로 만장을 갖춰 장례에 참여했다고 한다. 으레 초상이 나면 각설이패들이 음식 구걸하러 오는 경우는 있어도 곡을 하러 오는 경우는 드문 법. 그만큼 고성 사람들은 고성의 맛과 인심을 이야기할 때 박 할머니의 '총쟁이국밥'을 빠트리지 않는다.

미리 말하자면 지금의 총쟁이국밥은 고성장에서 국밥을 대표하는 '염소국밥'을 이르는 말이다. 원래는 고성장의 '총쟁이집'라는 국밥집에서 유래되었으나, 이제는 '고성의 국밥'으로 보통명

사화된 것이다.

예부터 장터국밥에는 빠지지 않는 음식이 있다. 막걸리이다. 넉넉한 장터국밥 한 그릇 뚝딱할라치면 입에 짝짝 달라붙는 막걸리 한잔해야 섭섭지 않다. 고성장에서는 총쟁이국밥과 아주 잘 어울리는 술이 있다. '월평리 구장술'이다. 쌀 좋은 고성에서 빚은 '고성 막걸리'를 지칭한다. 이 술 또한 재미난 이야기가 전해져 내려온다.

'월평리 구장술'은 한량 기질이 있는 고성의 월평리 구장(이장)이 술과 사람을 좋아해 술자리를 즐겨 했는데, 고성 술꾼 중에 이 구장술을 안 받아 마신 사람이 없을 정도였다. 술자리를 가지다 보면 술은 남았는데 안주가 떨어지고, 안주가 남았는데 술이 떨어지는 경우가 있다. 그러다 보면 술 시키랴, 안주 시키랴 술자리는 시간 가는 줄 모르고 길어만 진다.

월평리 구장과 술을 마시다 보면 '신선놀음에 도끼자루 썩는 줄 모른다'고 늘 이런 상황이 벌어지는 것이다. 이 이야기가 유래가 되어 고성에는 '월평리 구장술 먹는다'는 식담까지 생겨났다.

이렇게 장터국밥에 막걸리 두어 잔으로 세상 부러울 것 없이 주흥이 도도해지면 주막의 주모에게 시시껄렁한 농지거리도 오고가고 할 게다. 주모에게 슬쩍슬쩍 육담도 건네고 투박한 손 한번 잡기도 하는 것이다. 이 때문에 장터 주막의 주모들은 후한 인심과 더불어 야한 농담도 척척 잘 받아넘겨 줘야 장터의 명물 주모가 되는 것이다.

한 술꾼이 이 월평리 구장술을 마시면서, 술은 남았는데 안주가 떨어졌다. 그런데 호주머니에 돈도 떨어졌다. 그래서 애교 섞인 농담으로 “주모, 주모, 안주 조금만 더 주면 안 잡아먹지” 하니 박색의 주모가 “못생긴 나에게 그런 말을 해주니 고맙다”면서 공짜안주를 푸짐하게 제공했다고 한다. 고성의 술 인심을 이야기할 때 흔히 쓰는 말이다.

이처럼 고성의 음식문화는 ‘총쟁이국밥’과 ‘월평리 구장술’ 이야기 속에 함의되어 있다고 보면 되겠다. 고성군은 이 두 이야기를 입혀 고성의 ‘아홉 가지 맛(九味)’ 중에 ‘총쟁이국밥’과 ‘월평리 구장술’을 포함시켜 고성의 대표음식으로 선정했다.

앞서 언급했듯이 현재 고성의 ‘총쟁이국밥’은 ‘염소국밥’이 대를 잇고 있다. 당시 고성의 국밥에는 소고기국밥, 돼지국밥, 염소국밥이 각자 맛의 영역을 지키고 있었는데, 언제부터인지 ‘염소국밥’이 고성의 장터국밥을 대신하고 있는 것이다. 그중 가장 유명한 식당에 들어가 ‘흑염소국밥’을 시킨다. 흑염소국밥과 함께 맛깔스런 상이 차려진다. 가만 보니 맑은 소고기국밥처럼 생겼다. 염소사골과 고기, 내장 부위를 함께 쓰는 것 같다. 국물을 한술 떠먹어 보니 진하면서도 개운하다. 염려했던 염소 특유의 누린내는 없다. 육수에 대파, 양파, 무, 콩나물, 얼갈이 등을 넣고 국물의 균형을 잘 잡았다. 고기를 한 점 먹어 본다. 식감이 꼬독꼬독한데 씹을수록 고소한 맛이 올라온다. 껍데기 부위는 쫀득쫀득하기도 하다.

여기에 ‘흑염소 석쇠불고기’를 더한다. 양파 위에 직화로 구운

불고기를 올려 내준다. 불향이 잘 입혀졌다. 한 점 먹으니 부드러우면서도 달고 고소하다. 육즙도 잘 잡아 씹을 때마다 촉촉한 느낌이다. 나중 주인장에게 들어 보니 암컷 흑염소만 사용하기에 육질이 부드럽고 누린내가 없단다.

여하튼 불고기 한 점에 막걸리 한 잔 곁들인다. 마음씨 좋은 구장이 한 잔 술을 권하듯 구장술이 흔쾌하게 넘어간다. 총쟁이국밥 한 뚝배기에 구장술 한 잔이 몸과 마음을 따뜻하게 데운다. 이러구러 고성장은 파할 시간이 지나가는데 타지의 나그네는 월평리 구장술에 반해 일어날 생각을 안 한다. 한 잔에 또 한 잔을 더하니 고성의 밤이 이슥하게 깊어만 간다.

양파 위에 올린 뒤 직화로 구워 불향이 그윽한 흑염소 불고기

양산 약선밥상

산채음식과 절밥의 오묘한 조화

슬로푸드, 푸드 마일리지 등 음식의 조리법이나 식재료의 원산지 이력에 대한 관심은 비단 어제 오늘의 일이 아니다. 그래서 요즘은 도시농업이나 텃밭 가꾸기 같은 식재료의 직접 재배에도 관심이 많다. 이는 선조들의 식약동원(食藥同源) 사상을 오늘에 이르게 하는 가장 기초적인 작업이기도 하다.

제철 제집 부근에 나는 신선한 식재료를 직접 채취하거나 재배해, 건강한 조리법으로 밥상을 차려 먹는 것. 이는 동서고금을 막론하고 인간이 건강하게 생명을 유지하기 위해 행하는 가장 기본적인 행위이기도 하겠다.

양산시의 의뢰로 '양산 전통맛집' 발굴을 위해 며칠 현장심사를 다녀왔다. 그중 사찰 밑이나 산골마을 등지에 소재한 약선요리 전문식당 또한 몇 곳 방문했다. 양산이 오래전부터 산채음식과 사찰음식이 발달한 것은 익히 알고 있었던 터이지만, 약선요리 또한 그 지역적 특성에 맞게 발달해 오고 있었다는 것도 알게 되었다.

양산은 영남알프스라는 일군의 높고 깊은 산들이 병풍처럼 쳐져 있어 산에서 나는 산나물, 버섯 등 귀한 특산물들이 다양하게 자생하고 있다. 게다가 그 산을 중심으로 전통 있는 사찰이 오래전부터 자리하고 있었기에, 각 사찰마다 명산의 기운을 받은 산의 먹거리로 몸에 이로운 음식들을 조리해 공양을 했다.

특히 통도사의 표고버섯밥이나 세(細)편, 내원사의 가죽나물 음식 등은 양산의 향토음식으로도 널리 유명하다. 표고버섯밥은 쌀 위에 표고, 배추 속 등을 채 썰어 넣고 들깨 물로 밥물을 잡아 김이 나면 산나물을 얹어 뜸을 들인다. 그리고는 떡갈나무잎(여름엔 피마자 잎)에 밥을 소복이 담아 먹는다. 속세에서 보면 '유유자적의 극치'인 음식일 듯싶다.

세편은 떡을 쪄 투명하게 될 때까지 오래 찧어서 떡가래를 만들어 얇게 썬 뒤 여름철에 차가운 꿀물에 띄워서 먹는 떡으로 통도사의 대표적인 음식이다. 내원사의 가죽나물 음식은 전국적으로도 유명한데, 가죽김치, 가죽생채나물, 가죽전, 가죽부각 등이 있다. 특히 가죽부각은 가죽의 어린잎을 데쳐 고추장, 들깨 등을 넣은 찹쌀풀에 묻혀 햇볕에 말렸다가, 튀겨서 설탕이나 소금을 뿌려 두고두고 먹는 음식이다.

이렇듯 양산은 오래전부터 산채음식이나 사찰 관련 음식이 발달했었다. 그런데 요즘 건강 관련 전문음식점에서 내는 차림표를 보면 산채음식, 사찰음식, 산야초음식, 약선음식 등이 혼재하고 있어, 이를 정리할 필요가 있기도 하겠다.

산채음식은 말 그대로 산나물을 활용하여 밥상을 차려내는 음식이다. 산채란 주로 산에서 식용 가능한 나무의 잎이나 풀 등을 채취하여 식재료로 활용하는 것들의 총칭이다. 넓은 의미에서는 산에서 나는 나물류와 버섯류 등을 두루 포괄하는 의미이다.

조선시대 농업서 『증보산림경제』에 따르면, '산채는 제철에 채취하여 김치·절임·무침·국 등의 반찬으로 만들거나, 말려서 겨울 채소로 만들어 두기도 했다'고 기록하고 있다. 현재 약 80여 종의 식용 가능한 산채가 있다고 하는데, 이 중 재배가 가능한 종류가 40여 종에 달한다.

사찰음식은 이 산채를 중심으로 밭에서 재배하거나 바다에서 채취한 다양한 식물의 잎이나 가지, 뿌리, 열매 등을 채취하여 소박하면서도 정갈하게 상을 차린다. 밥을 먹는 행위조차도 구도의 한 수단이기 때문에 마음을 어지럽히는 오신채(마늘, 부추, 파, 달래, 흥거) 등은 빼고 음식을 만든다.

경남 양산시의 한 음식점에서 만난 약선요리 밥상. 산채요리, 사찰음식이 발달한 양산에서는 약선요리도 지역 음식으로 자리 잡아가고 있다.

약선음식은 이들 산채, 사찰음식의 현대적 해석에 의해 탄생한 개념의 음식이다. 식재료는 동식물, 한약재 등 가리지 않으나, 신선한 상태에서 준비하여 화학조미료를 전혀 쓰지 않고, 직접 발효시켜 만든 장이나 효소 등으로 음식 맛을 내는 특징을 기준으로 하고 있다. 현대적 의미로 '몸에 약이 되는 음식', '몸이 건강해지는 자연밥상' 쯤으로 해석하면 될 것 같다.

양산의 약선음식점들의 특징은 산채요리를 겸하거나 사찰음식을 겸하는 경우가 많다. 이는 맛과 건강을 함께 추구하는 '현대사회의 식문화 요구'와 '지역의 전통음식문화 고수'라는 두 가지에 대한 고심의 흔적이라 할 수가 있겠다.

영축산 통도사와 천성산 인근 두 곳의 음식점에서 약선음식을 맛보았다. 모두가 장과 효소를 직접 담가 음식 간을 맞춘다. 크고 작은 장독들이 따뜻한 햇볕을 받아 맛있는 장을 익혀내고 있을 터이다.

우선 현미녹차와 과일정과 등으로 입을 가시고 나면 전채가 나온다. 전채에는 여러 가지 샐러드가 나오는데, 수삼야채샐러드, 말린 고추 잎을 올린 호두정과, 민들레야채샐러드 등이 오른다. 밥은 다양한 지역의 건강한 쌀과 약초물로 짓는다. 한 곳은 연잎에 싸서 밥을 짓기에 연잎향이 그윽하니 밥만 먹어도 건강하겠다. 밥을 먹기 전 호박죽과 물김치로 입을 다시게 내놓는 곳도 있다.

음식점에 따라 저마다의 계절음식이 나오는데, 연잎에 찐 돼지한방수육이나 산야초샐러드를 곁들인 한우편채 등속이 나오

저마다의 계절음식으로 맛깔스레 차려지는 약선음식

고 표고버섯탕수, 오미자 소스에 버무린 전복문어새우샐러드, 대하찜 등이 그 결을 지킨다.

약선음식점답게 각종 나물과 산야초장아찌가 밥상 위에 줄을 선다. 취나물, 참나물, 고사리, 방풍, 고구마줄기, 공심채 등을 나물로 조물조물 무치고, 두릅, 뽕잎, 돼지감자, 매실, 고추잎 등으로 장아찌를 담가 냈다. 가지를 찌고, 연근을 조리고, 도토리묵을 말려 무치고, 텃밭에서 재배한 배추와 무로 정성스레 담근 김치를 낸다.

시래기를 넣고 폭폭 끓여낸 된장찌개 한 술 뜬 후, 밥 위에 두툼한 조기 살을 올려 또 한 술 뜬다. 은은한 한약 냄새에 짭조름한 조기 살이 어우러져 가히 약선음식답다. 나물에 밥을 비벼서 먹어도 좋고, 장아찌를 밥에 올려 먹어도 좋다. 식사 후에는 뽕잎차와 뒤뜰에서 딴 감을 한 조각 깎아 내는 곳도 있고, 암에 좋다는 와송을 갈아 와송쥬스를 내는 곳도 있다. 모두 만족할 만한 후식이다.

통도사 인근에서 약선요리점을 운영하는 김숙희 씨는 "모든 음식이 한방약초를 가미해 조리하거나 직접 담근 효소, 장류를 쓰기에 오래 먹으면 몸이 가벼워지고 정화되는 느낌이 든다"며 "몸을 이롭게 하는 약선요리는 자연과 선조들의 지혜가 만들어낸 자랑스러운 우리의 식문화"라고 강조한다.

몸과 마음도 세월 따라 깊어지는 가을 즈음, 어둑한 산길 걷다가 홀연히 나타나는 집 한 채 있거든, 정중히 밥 한 끼 청해보라. 그곳에서 먹었던 밥 한 그릇이 오래도록 마음을 밝히는 거룩한 끼니가 될진저.

통영 쫄복과 도톨복

뚝배기 한 그릇에 몸도 마음도 스르르 녹는다

찬바람이 분다. 슬슬 따뜻한 국물이 생각나는 계절이다. 특히 과음한 다음 날, 시원하게 속을 풀어주는 해장국이면 금상첨화다.

복국은 사시사철 우물처럼 깊고 시원한 국물로, 술꾼들의 해장음식으로, 열일을 다하고 있는 음식이다. 요즘처럼 몸도 으슬으슬 춥고 마음도 허할 때, 복국 한 그릇은 사람 마음을 뜨끈하게 지져주는 '음식 이상의 것'이다.

주로 해안지역을 중심으로 발달한 복국은 다양한 종류의 복어를 지역마다 독특한 방식의 조리법으로 끓여 먹는 향토음식이다. 부산을 비롯해 마산(현 창원), 통영 등지는 복어의 산지이자 집산지이다. 때문에 복어를 식재료로 다양한 음식을 즐겨 먹는다. 특히 '복국 골목'이 형성될 정도로 지역 사람들에게는 한결같이 사랑받는 애정의 음식이기도 하다.

이즈음 통영의 겨울은 '복국의 계절'로 통한다. 원래 복어의 제맛은 겨울이다. 요즘이야 사시사철 대하는 복국이지만, 늦가을부터 살이 오르는 복어는 산란기가 시작되는 3월 이전인 겨울이 가장 개운하고 시원한 맛을 낸다. 그래서 통영 사람들은 겨울이면 복국을 '입에 달고 살' 정도로 즐겨 먹는다.

통영을 대표하는 복국 중에는 복섬(소형 복어)으로 조리하는 '쫄복국'과 타지에서는 좀처럼 먹기 힘든 졸복으로 끓여내는 '도톨복국'이 있다. 둘 다 비교적 크기가 작은 소형 복으로 국을 끓여내는데, 통영에 와야 제대로 맛볼 수 있는 향토음식 중 하나이다.

통영의 김보한 시인은 "통영에서는 복어를 '뽁지'라 부릅니다. 바다 연안에 잡히는 복어가 주로 졸복이나 복섬 등 작은 복어이기도 하거니와 복어가 '뽁뽁뽁' 소리를 낸다고 '뽁지'라 부르는 것"이라며 "한창 복어가 넘쳐날 때에는 항남동 일대에 복어로 어포를 생산하던 복어포 공장이 여럿 있기도 했다"고 설명한다.

주로 서호시장 등에서 먹을 수 있는 '쫄복국'은 국내 복어 중 가장 작은 '복섬'이라는 소형 복어로 조리를 한다. 평균 10cm, 다 커봐야 15cm 내외로 그 크기가 작아 졸복으로 혼용되기도 한다.

통영말로 쫄복으로 불리는데, 그러나 진짜 졸복은 따로 있다. 통영에서 '도톨복'으로 불리는 종이 학명으로 졸복이다. 원래 졸복 또한 그 크기가 작은데 작은 복어를 모두 졸복으로 통칭하다 보니 둘 다 '졸복'으로 불리게 되고, 이후에는 크기가 더 작은 복섬이 오히려 졸복이란 이름을 차지하게 된 듯하다.

'복섬'은 우리나라에서 가장 흔하게 볼 수 있는 소형 복어로 남해 연안으로 무리를 지어 몰려다니며 먹이 활동을 한다. 낚시꾼

통영의 향토음식인 '복섬'으로 조리하는 '쫄복국'(위)과 타지에서는 좀처럼 먹기 힘든 '졸복'으로 끓여내는 '도톨복국'(아래)

들에게 낚여 올라오는 복어는 거의 이 복섬이라 보면 될 정도로 개체 수가 많다.

등 쪽은 암녹색 바탕 위에 하얀 반점이 산재해 있고, 배 부분은 흰색을 띤다. 몸 전체에 오돌도돌한 잔가시가 있다. 영어로 grass puffer. 등 부분이 푸르스름한 색을 띠고 있어 '풀복'이라고 부르기도 한다. 복섬은 내장과 난소, 껍질, 아가미 등에 맹독을 갖고 있는데 작은 크기에 비해 독성이 높은 편이다. 산란기는 5~7월이다.

'도톨복국'은 소형 복어 중 하나인 '졸복'으로 조리한다. 몸 전체에 도돌도돌한 작은 돌기가 나 있어서 통영 사람들은 도톨복이라 부르기도 한다. 졸복으로 끓여내는 국이기에 졸복국으로 불려야 하겠으나 복섬이 이미 졸복국이라는 이름을 차지했기에 도톨복국으로 자리 잡은 셈이다.

황갈색의 등껍질에 갈색의 반점이 나 있고, 흰색 배 부분 근처에 황갈색 세로줄이 나 있다. 크기는 복섬보다는 커 최대 30여 cm까지 자란다. 몸체는 곤봉 모양이다. 피부, 난소, 간에 맹독이, 정소에는 약한 독을 갖고 있다. 산란기는 2~3월이다.

둘 다 비슷한 몸체에 졸복으로 통칭해서 불리는데 검은 바탕에 흰 반점이 나 있으면 복섬이고, 갈색 바탕에 검은 반점이 있으면 졸복이라고 구분하면 되겠다. 몸집은 작지만 복어 특유의 쫄깃한 식감이 좋고, 국으로 끓였을 때 큰 종류의 복어보다 국물의 깔끔함은 더 뛰어나다.

쫄복국과 도톨복국 모두 통영 바다에서 직접 잡아 즉석에서 조리하기에 크기에 비해 육질이 쫄깃하고 쫀득하다. 국물도 개운하고 시원하기 이를 데 없다. 원재료가 신선하기에 국에 들어가는 재료는 별로 없다. 아삭아삭한 콩나물과 향긋한 미나리가 전부다. 그래도 두 복국이 내는 깊고도 넉넉함은 타의 추종을 불허한다.

복어 중 가장 작은 어종인 복섬(쫄복)과 소형 복어인 졸복(도톨복). 복섬은 검은 바탕에 흰 반점이 있고, 졸복은 몸 전체에 도돌도돌한 돌기가 나 있다.

'쫄복국'에는 큰 놈은 서너 마리, 작은 놈은 대여섯 마리의 복섬이 들어간다. 배를 딴 후 한 마리씩 통째 넣고 끓여낸다. 몸집이 작다고 장만할 때 설렁설렁 했다가는 큰코다친다. 크기에 비해 맹독이 있어 일일이 신경 써서 장만해야 되는 꽤 까다로운 놈이다.

'도톨복국'은 통영에서도 식도락가들이나 먹을 수 있을 정도로 귀한 음식으로 인식되고 있다. 도톨복국을 내는 가게도 그리 많지 않다. 도톨복국의 식재료인 졸복 또한 크기에 비해 맹독을 가지고 있다.

몇몇 미식가는 복어의 근원적 '일미(一味)의 맛'은 복어가 가지고 있는 '맹독(猛毒)'에서 기인한다고 말한다. 복어의 맹독에서 나오는 치명적인 맛. '최고의 음식'에는 치명적인 조건이 있다는 것인데, 그 조건이 바로 '사람의 목숨을 담보하는 것'이라 더욱 드라마틱한 것이리라.

지인과 함께 쫄복국과 도톨복국을 시킨다. '파르르~' 끓는 뚝배기가 앞에 놓인다. 한 숟가락 떠먹는다. 첫술에 뜨거운 국물이 찌르르 목젖을 타고 넘어가며 속을 진하게 훑어 준다. 복국의 진하고 개운함이 콩나물의 시원한 맛과 향긋한 미나리의 향과 서로 어우러진다.

또 한 숟갈 떠먹어 본다. 시원한 맛과 깊은 맛이 '극치'를 이룬다. 두 술 세 술 떠먹으면 떠먹을수록 시원한 맛은 배가되고, 깊은 맛은 끝이 없다. 남은 국물을 숟가락으로 떠먹다 모자라 뚝배기째 들고서 후루룩 후루룩 남김없이 마신다.

이독치독(以毒治毒). 전날의 과음으로 쌓여 있던 숙취가 '복국 한 그릇'에 환하게 풀려난다. 복국이 풀어주는 해장은 참으로 웅숭깊다. 속을 뜨겁게 파고들면서 시원하게 어루만져 주는 것이, 뼛속까지 후련한 맛을 제공한다.

그래, 겨우 뚝배기 복국 한 그릇으로 온몸이 속절없이 시원하게 열린다. 바야흐로 겨울의 길목에서 마음마저 훈훈하고 든든해지는 것이다.

창녕 우포늪 붕어밥상

우포늪의 넉넉한 품이 내어주는 식탁

저물어가는 한 해를 정리하기 위해 창녕 우포늪을 찾았다. 하늘은 유난히 새파랗고 명징했다. 물 위의 철새들은 반짝이는 윤슬 주위를 맴돌며 한창 자맥질 중이다. 드넓은 물빛을 바라보며 산책길을 호젓하게 걷는다. 일상의 모든 시름과 후회와 희로애락들이 주마등같이 부질없다. 참, 잘 왔다.

우포늪. 우리말로 소벌못. 람사르협약으로 보호받는 '세계에서 가장 아름다운 습지' 중 하나. 천연기념물 제 524호로 둘레 7.5 km, 전체 면적 231만m^2에 이르는 광활한 면적의 국내 최대 내륙 습지이기도 하다.

창녕군 대합면, 이방면, 유어면, 대지면 등 4개의 면에 걸쳐 자리하고 있는데 인근의 주민들에게는 태(胎)를 묻은 젖줄과도 같은 곳이다. 한때 열악한 환경 속에서 끼니를 걱정하던 시절, 이 우포늪은 그 넉넉한 품으로 사람들을 거두고 먹였다. 잉어, 붕어, 장어, 가물치 등 늪에서 나는 온갖 물고기를 넉넉하게 내어주었던 것이다.

그래서 우포늪 사람들은 오래전부터 이곳에서 나는 물고기를 주식 삼아 다양한 음식을 해 먹었다. 잉어와 장어, 가물치 등은 보양음식으로, 비교적 개체수가 많고 몸집이 작은 붕어는 밥상 위 다양한 형태의 반찬으로 올랐던 것이다.

때문에 지금까지도 창녕에는 옛날에 먹어왔던 붕어찜, 붕어조림, 붕어매운탕 등 붕어로 만든 음식들이 향토음식으로 널리 사랑받고 있다. 이렇게 밥 삼아 먹던 붕어이니 조리법 또한 발달했을 터. 다른 지역의 붕어 요리와는 확연히 다른 독특한 맛을 지니고 있다.

우선 붕어찜은 가마솥에 넓적넓적하게 썬 무와 양념된 무청을 넉넉하게 깔고 맛이 든 중치의 붕어를 올린다. 그 위에 다시 무를 덮어 나무장작으로 불을 땐다. 적당히 익으면 약한 불로 하루 종일 은근하게 익혀낸다. 그러면 뼈가 물러져 따로 가시를 발라낼 필요 없이 통째로 머리부터 꼬리까지 먹을 수가 있다.

또 한 가지는 붕어백탕. 붕어를 들기름을 두른 가마솥에서 익힌 후 물을 붓고 10여 시간을 푹 고듯이 끓여내는 음식이다. 붕어백탕은 우포늪 사람들이 일상적으로 먹는 보양의 음식이다. 붕어 이외에도 잉어, 가물치 등을 함께 고아 보약 대신 집안 어른께 올리기도 했지만, 일반적으로 붕어를 사골곰국처럼 고아 먹어왔던 것이다.

우포늪 일대에는 일정 가구들에 한해 우포늪의 물고기를 잡을 수 있는 어업권을 인정하고 있다. 때문에 우포늪 부근의 몇몇 식

창녕의 향토음식인 우포늪 붕어찜

당에서는 '우포늪산' 물고기 음식을 맛 볼 수가 있다. 특히 우포늪은 생태정화 기능을 가지고 있어 물이 깨끗하고 건강해 이곳의 물고기들은 따로 해감을 시키지 않아도 비린 맛이 없고 흙내 또한 나지 않는다고 한다.

우포 토박이로 우포늪의 옛 전통방식대로 붕어찜을 조리하던 할머니의 식당을 찾았으나, 전통방식 조리법의 곤고함이 여간 아니어서 가게를 접었다고 한다. 대신 마을의 몇몇 군데의 식당 중 한 곳에 들러 붕어찜을 주문한다.

전골냄비에 가득하니 붕어찜이 차려진다. 김이 슬슬 오르는 냄비에는 무청 대신 콩나물, 정구지 등 거섶이 층을 쌓고 있다. 이를 걷어내니 손바닥만 한 붕어 세 마리가 통째로 고스란하다.

통통한 놈으로 골라 개인 접시에 담는다. 붕어찜 한 접시에 벌써 마음이 넉넉해진다. 우포막걸리 한 잔에 붕어 살점 한 점 집어 올린다. 붉은 빛이 살짝 도는 살점이 강렬하게 식욕을 돋운다.

한 점 입에 넣어 맛본다. 우선 살이 담백하니 좋다. 씹다 보니 단맛이 슬슬 올라온다. 민물생선 특유의 진한 맛이다. 쫄깃하면서도 씹을수록 부드럽게 부서진다. 가시가 성가시긴 해도 발라 먹는 재미로 치자면 이 또한 재미지기도 하다.

국물은 달큰하면서도 매운 양념에 칼칼하다. 가끔 밭은기침이 나올 정도로 맵싸하다. 불에 졸이면 졸일수록 국물은 진하면서 걸쭉해진다. 고기를 적셔 먹으니 독특한 소스 같기도 하고 밥에 얹어 먹으니 잘 숙성된 양념장 같기도 하다.

대가리살도 발겨 먹는데 꼬들꼬들하면서도 고소한 것이 꽤나 괜찮다. 뱃살 부분도 살이 넉넉하고 진한 맛을 낸다. 얼갈이 시래기, 콩나물 등속도 붕어와 양념 간이 듬뿍 배고 어우러져 고소하고 짭조름한 것이 기어이 밥 한 공기를 부르고야 만다.

식당을 나와 붕어백탕 먹을 수 있는 곳을 찾았으나 이 또한 찾기 어려웠다. 그래서 비슷한 음식을 취급하고 있는 식당을 수소문해서 들렀다. 부곡의 '붕어곰탕' 집이다.

"어부가 잡은 10년 이상의 월척급 참붕어를 내장만 제거한 뒤, 산 채로 들기름에 익힌 다음에 도라지, 생강, 메주콩 등을 넣고 뼈가 흐물흐물해질 때까지 푹 고아 상에 냅니다." 사장의 설명이다.

설설 끓는 붕어곰탕이 상에 오른다. 뽀얗기가 마치 사

월척급 참붕어로
끓여 내는 붕어곰탕

골 곰국 같다. 소금 간을 하고 붕어곰탕 한 술 떠먹어 본다. 진하다. 그리고 고소하다. 붕어 특유의 묵직한 뒷맛은 남지만 그다지 비리지는 않다.

고소한 맛 뒤로 파 향이 은은하게 나면서 신선함을 더한다. 붕어곰탕 위로 송송 썰어낸 파 때문에 향긋한 맛이 살아 오르는 것이다. 몇 술을 떠먹으니 속까지 풀리는 느낌이다. 붕어곰탕에 밥을 만다.

붕어곰탕을 가마솥에 푹 끓이고 있다.

서서히 밥에 붕어곰탕이 배며 그 고소함은 배가되고 국물은 찰기를 더해 든든해진다. 고소한 국밥을 새콤한 묵은 김치와 곁들여 먹으니 이 또한 입에 착착 달라붙는다. 그릇을 다 비우고 나니 보양식 한 그릇 먹은 듯 건강해지는 느낌이다.

우포늪이라는 청정 자연환경에 기대어, 깨끗하고 건강한 밥상으로 평생을 살아온 우포늪 사람들. 우포늪의 보존과 함께 그들의 음식문화 또한 우리네 밥상 위에서 오래도록 풍성하게 올랐으면 하는 바람이다.

합천 고가송주(古家松酒) 술상

한옥고택서 내온 200년 비법의 술상

가을바람이 소슬하게 머리카락을 슬쩍 스치고 지나간다. 너른 품의 합천호는 파랗다 못해 짙푸르다. 한참을 합천호반을 따라 도는 일주도로를 무심하게 돌아드는 중이다. 합천호에 햇살이 비쳐 윤슬이 온통 글썽인다. 나그네 마음마저 따라서 글썽여지는 시간이다.

긴 모롱이를 휘돌아 드는데 아주 수려한 '우리 집(한옥)'이 자리하고 있다. 참으로 반듯하고 의젓하다. 그러는 사이 '고가식당' 팻말이 스쳐 지난다. '응? 식당~?' 급하게 차를 세워 주위를 살핀다. 합천군 대병면 역평리 즈음이다.

팻말에 의하면 '1999년 농림부 전통 식품 지정 고가송주, 7대째 전통으로 이어오는 고가식당'이라 적혀 있다. 7대 종가의 전통으로 고가(古家)에서 음식과 술상을 내놓는다는 게다. 갑자기 가을 나그네의 주욕(酒慾)이 바짝 당긴다.

뒤에 알고 보니 이곳은 '은진 송씨' 종갓집이다. 무릇 종갓집에

고가(古家) 입구에는 빈객을 모시는 100년 된 문중 객사 사의정(四宜亭)과 담 넘어 뒤쪽으로는 160여 년이 된 사랑채 등이 있다.

는 그 집안만의 특별한 가양주가 내려오기 마련이다. 제례나 잔치, 접빈객(接賓客, 손님을 대접하는 일) 등 다양한 가문의 대소사와 집안 어른의 건강을 보하기 위한 약용으로 널리 쓰였다.

예부터 합천은 산 깊고 물 맑은 고장. 너른 평야와 수려하고 넉넉한 강을 끼고 있어 낙향한 사대부들이 세거하기에 알맞은 곳이기도 하다. 그래서 합천에는 여러 문중이 곳곳에 자리 잡고 그들만의 비법으로 빚은 가양주를 전승해왔다.

송씨 집안도 마찬가지이다. 7대째 대대로 내려오는 가양주는 솔잎과 함께 빚어낸 송주(松酒). 고택에서 직접 솔잎 술을 빚어낸다고 고가송주(古家松酒)라고 부른단다. 200여 년을 종부(宗婦)를 통해 이어져 내려오는 오랜 전통의 가양주이다.

그해 지은 찹쌀과 솔잎을 더하고 마른 쑥 위에 띄운 누룩을 섞어서 맑고 정갈하게 술을 빚어낸다. 백일치성을 드리듯 100여 일이

꼬박 지나야만 제대로 잘 익은 송주를 맛볼 수가 있단다. 그래서 한 모금만 머금어도 은은한 솔향이 입안 가득 그윽해지는 술이다.

입구에는 빈객을 모시는 100년 된 문중 객사 사의정(四宜亭)이 위풍당당 서 있고, 담 넘어 뒤쪽으로는 160여 년이 된 사랑채, 그 옆으로 가설 식당을 마련해 두었다. 이곳에서 송씨 집안의 맛깔스러운 술과 음식이 소박하지만 단아한 '고가술상'으로 상에 오르는 것이다.

식당에 앉아 차림표를 본다. 술은 '고가송주'와 '고가약주(古家藥酒)' 두 가지. 안주로는 메밀묵과 손두부, 약과 등속이 있다. 이 모든 것을 가마솥에서 직접 하나하나 만들어 낸다니 그 맛과 정성이 여간 아니겠다.

송주를 맛보고자 했는데 때마침 떨어졌단다. 담근 술이 채 덜 익었다기에 염치 불고하고, 집안에서 소용하는 놈으로 한 잔 부탁해 입 다심만 한다. 파르스름한 청자 술잔 속에서도 황금빛의 주색이 완연하다. 한 모금 입술을 적신다.

입안에 살짝 머금었을 뿐인데 온몸으로 솔향이 전해진다. 누룩 향이 살짝 오르면서 쌉쌀한 뒷맛과 향긋한 풍미가 제대로다. 넘치지 않으면서도 균형 잡힌 넉넉함이라 할까? 달지 않으면서 들큼하고 쓰지 않으면서 쌉싸래하다.

곧이어 고가약주와 메밀묵, 손두부가 상에 오르고, 죽순 장아찌, 산나물, 열무얼갈이김치, 텃밭의 갖은 채소로 버무린 채소 샐러드 등이 그 곁을 함께한다. 단출하지만 모자람이 없는 술상이 이내 차려졌다.

송씨 집안에서 솔잎과 함께 빚어낸 송주(松酒)

'고가약주' 한 잔 따른다. 살짝 싱그러운 향이 스친다. 술잔을 들여다보니 황금빛 술이 온전하다. '송주'가 오랜 숙성 과정으로 색깔이 조금 진한 황금빛이라면, '약주'는 상대적으로 은은한 황금빛이 돈다. 송씨 집안의 술을 두고 합천사람들이 '황금주'라 부르는 이유를 잘 알겠다.

약주 한 잔 음미한다. 참 좋은 누룩 향이 기껍게 한다. 은은한 과일 향이 코끝으로 퍼져난다. 우리 술에서만 나는 '과일 향', '꽃 향'의 누룩 맛을 개인적으로도 아주 좋아한다. 특히 제대로 빚어 잘 익은 포도 향은 더 일러 뭐하겠는가.

약주 한 잔에 메밀묵을 크게 한 점 집어 먹는다. 부드러우면서도 쫀득한 식감이 꽤 괜찮다. 담담하던 맛이 씹을수록 서서히 구수함으로 올라온다. 열무얼갈이김치를 얹어서도 먹는다. 갓 담근 생김치라 그런지 풋풋한 '풀내'가 은근히 좋다. 메밀묵의 슴슴함과 김치의 알싸하면서도 풋풋함 또한 잘 어우러진다.

이번에는 손두부를 한 점 먹어 본다. 우리 콩을 쓰는지 맨 두부를 먹는데도 고소함이 남다르다. 씹으면 씹을수록 올라오던 고소함이, 참기름을 살짝 두른 양념장과 함께 먹으니 그 정점을 찍는다.

배가 어느 정도 채워지니 곁들이 안주로 술을 마신다. 고소한 참기름에 소금 간을 살짝 한 산나물은 그 향이 제대로 살아서 푸릇푸릇하다. 짭조름하면서도 향긋하고 고소함이 술맛을 잘 뒤받쳐 준다.

죽순 장아찌는 죽순 한 점에 술 한 잔 넉넉히 마실 정도로 든든한 곁 안주가 되겠다. 간간하면서도 아삭아삭한 식감이 계속 젓가락을 들게 하는 묘한 매력이 있다. 채소 샐러드는 텃밭에서 나는 상추 등 갖은 엽채로 무심한 듯 손으로 툭툭 뜯어 조물조물 무쳐내기만 했는데도 싱그러움이 보통 아니다. 두어 되의 고가약주를 마시고 나니 취기가 슬슬 오른다. 알코올 도수 11도의 청주이니 과음할 수도 있겠다. 때마침 가을 햇볕이 술상 위로 슬금슬금 올라온다. 온몸이 따뜻해지면서 기분 좋은 나른함이 밀려온다. 좋은 지인들과 마주한 술상, 편한 자리라서 더 그럴 게다.

길 떠나는 나그네에게 있어 가을은, 더없이 좋은 동행(同行)이다. 청명한 날씨와 풍성한 밥상, 어디서든 좋은 사람들과 그 지역의 음식을 함께 나눠 먹을 수 있는 계절. 그래서 오늘도, 좋은 밥상 그리고 술상 "참, 잘~ 받았습니다."

통영 쏘기미탕

맹독 속에 숨겨진 맑고 시원한 맛

쑤기미. 이름이 예사롭지 않다. 모습 또한 참으로 흉측하고 사납게 생겼다. 대가리 부분을 보면 입이 크고 넓은 것이 아귀와도 닮았고, 전체적으로 서해안의 삼세기(삼식이)와 흡사해 참으로 못생겼다. 날카로운 등지느러미를 활짝 펼쳤을 때는 그 사나움 또한 범상치가 않다. 그도 그럴 것이 그 등지느러미에 잘못 쏘이는 날이면, 반나절 이상 불에 지지는 듯 고통스런 통증에 시달린다. 오죽하면 영어로 '쏘는 악마 물고기(devil stinger)', 일본에서는 '흉측하게 생긴 귀신 물고기(오니 오코제, 鬼虎魚)'라고도 부를까.

쑤기미는 수심 200m 미만 따뜻한 연안의 바위와 수초 지대, 갯벌 바닥 등지에 붙박이로 서식한다. 서식지에서 보호색을 띠며 먹이를 기다리다가 새우, 게 등 갑각류나 작은 어류를 큰 입으로 아귀처럼 덥석~! 통째로 삼켜서 먹는다. 몸 길이는 20~30 cm이고 6, 7월에 산란한다. 우리나라 전 해역에 서식하며 연중 잡힌다.

쑤기미는 서식지 수심에 따라 그 몸 색깔이 세 가지로 나뉜다. 얕은 바다에서 잡은 놈은 검은빛을 띠고, 수심이 깊을수록 붉은색을 띠다가 심해에서 잡힌 쑤기미는 노란색을 띤다. 전체적으로는 얼룩덜룩한 무늬가 산재한다. 얼룩덜룩한 무늬 때문에 흔히 범치, 미역치(제주도)라고도 불리며, 등지느러미에서 독을 쏜다고 쏘기미(통영), 쐬미(여수), 쏠치(제주도), 창쑤기미 등으로도 불린다. 그 독가시에 찔리면 통증이 하룻밤을 넘길 정도로 오래 간다.

『자산어보(玆山魚譜)』에서 또한 이 쑤기미를 "등지느러미가 매우 독하고 노하면 고슴도치와 같이 된다. 가까이 가면 쏜다. 혹 쏘이기라도 하면 견딜 수 없을 만큼 아프다"고 기술했다.

"발동기선(發動機船)이 귀했던 시절, 통영 섬마을에서 조업하던 어부들이 가끔 쑤기미에 쏘일 때가 있었어요. 풍랑이 일고 바다가 사나우면 시내 병원으로 못 나오거든요. 그래서 제시간에 치료를 받지 못하면 쏘인 곳이 시꺼멓게 죽어요. 그러다가 손가락을 절단하거나 생명을 잃는 사람도 간혹 있었지요." 통영의 사진가 정동진 씨의 말이다. 그래서 예부터 쑤기미 독을 해독하는 민간요법도 다양하였다. 『자산어보』에는 "솔잎 끓인 물을 쏘인 곳에 적시면 신통한 효과가 있다"고 했고, 통영권에서는 간장을 끓여 한두 시간 쏘인 곳을 담그고 있으면 좋아진다고도 했다.

통영 미륵도 인근 마을에는 쏘인 곳에 신나나 휘발유를 바르면 그 통증이 덜해진다는 검증되지 않은 이야기 또한 전해진다.

통영의 쑤기미 전문식당 '진미식당'의 쑤기미탕. 깔끔하고 담박하며 잡내나 비린내가 없고 쑤기미의 살이 부드러워 해장국의 최고 반열로 칠 만했다.

그만큼 통증이 강렬해 이를 완화하기 위한 고충이 읽히는 대목이다. 한때 통영 미륵도 해안에서 활어 양식을 하던 김보한 시인 또한 "통발 속 바다 것들을 건져내다 쑤기미에게 쏘여 동네 이웃 할머니의 '신나 처방'을 받았다"며 "그래서 섬에서는 망나니 대접을 받던 생선"으로 기억한다.

이독치독(以毒治毒)이랄까? 독이 있는 생선은 인체에 좋은 효능이 있고, 탕 등으로 끓여 놓으면 시원함이 남다르다. 복어가 그렇거니와 쏨뱅이 또한 탕으로 끓여 놓으면 숙취 해소용 해장국으로 더할 나위가 없다. 쑤기미도 험한 모습과는 달리 맛이 참 좋다. 지방이 적고 맛이 담백하며 임산부에게 먹이면 젖이 잘 나온다고도 한다. 맛과 성질이 복어와 비슷하므로 복어 대신 먹을 수도 있단다. 주로 탕으로 끓여 먹는데, 맹독 속에 숨은 그 시원하고 담백한 맛은 통영 사람들에게는 소울푸드로 널리 사랑받는 음식이기도 하다.

요사이 통영에서는 볼락과 자리를 다투는 소울푸드가 쑤기미탕이다. 통영 출향민들 또한 가장 그리워하는 통영 음식이 쑤기미탕이라 한다. 그래서 동창회나 출향 인사 모임에서도 볼락과 함께 빠지지 않는 음식이 쑤기미탕이라고. 아귀처럼 해저에서 서식하기에 쑤기미는 간이 크고 위가 두껍다. "그래서 통영 사람들은 '쑤기미 애(간)를 먹기 위해 애를 태운다'는 말이 있어요. 그만큼 쑤기미 간과 밥통(위)이 맛있다는 말이죠." 정 사진가의 말이다.

그러나 깊은 수심에서 잡히는 크고 맛 좋은 노란 쑤기미는 산지인 통영에서도 보기 힘들다. 일본으로 전량 팔려나가기 때문이다. 때문에 연안의 쑤기미나 간혹 중간 수심의 불쑤기미(붉은 색 쑤기미)로 조리한다.

통영의 쑤기미 전문 식당 '진미식당'에서 쑤기미탕을 맛본다. 첫술부터가 시원함이 남다르다. 그리고 깔끔하고 담박하다. 잡내나 비린 맛이 없고 살 또한 부드러워 해장국으로 최고 반열이다. 그 비결은 육수를 따로 안 내고 쑤기미 자체만으로 국물을 우려내는 데 있다. 그냥 맹물에 무를 넣고 팔팔 끓이다가 쑤기미를 넣고 양파, 파 등속에 소금으로 간을 맞추기만 한다. 맑은 탕은 청양고추, 매운탕은 고춧가루로 색깔을 낸다. 쑤기미 본연의 맛을 내기 위해 그 조리법이 아주 단순하다. 그러하기에 그 시원함은 가히 원초적이다.

쑤기미는 많이 잡히기는 4, 5월이지만 사철 잡히는 물고기라 뜨끈하게 먹기 위해 겨울에 많이 찾는단다. 지느러미와 껍질, 밥통(위), 애(간) 등은 아귀와 맛이 비슷하다.

식감 또한 그러하다. 젤라틴 성분이 다량 함유돼 부드럽고 쫀득하고, 국물은 식으면 젤리처럼 어른어른 어리기도 한다. 긴 취재 중 식은 채로 맛을 보았더니 식어도 맛이 좋다. 여름철에는 차게 해서도 먹는단다.

"간혹 겨울이면 비싸고 귀한 쑤기미 대신 제철인 삼세기를 함께 내는 일부 식당도 있어요. 생긴 모습이 비슷한데다 가격이 싸기에 타지 사람은 이를 모르고 속아서 먹는 거예요." 30년째 쑤기미 요리를 해온 진미식당 하옥선 씨의 설명이다.

삼세기는 지역에 따라 삼식이, 탱수 등으로 불리는데 쑤기미와 매우 흡사하다. 그러나 쑤기미와 함께 놓고 보면 차이가 난다. 삼세기는 몸체가 사포처럼 가슬가슬 거칠고 쑤기미는 몸체가 매끄럽다. "통영 연안에는 가시로 독을 쏘는 물고기가 크게 두 종류 있습니다. 쑤기미와 쎄치(미역치)가 있어요. 그래서 통영 사람치고 어린 시절 바다 갈피 속에 있는 이놈들에게 안 쏘여본 사람이 없을 겁니다." 김 시인의 말이다.

이처럼 쑤기미에게 곤욕을 당하면서도 늘 다시 음식으로 장만하여 나눠 먹고, 그 맛을 잊지 못해 타지에서도 그리워하는 '통영 사람들의 소울푸드', 쑤기미탕. 이를 보면 고향을 일깨워주는 것은 거창한 그 무엇이 아니라, 따뜻한 한 그릇의 고향 맛, 고향의 소울푸드임을 쉬 알 수 있겠다.

창원 마산 탱수국

술꾼 아재는 이 못난이를 사랑한다네

탱수. 뭐가 불만인지 퉁퉁 부어 있다. 배를 만지거나 건드리기만 하면 제 몸을 탱글탱글 부풀리고, 날카롭게 생긴 등지느러미를 곧추세운다. 그리고는 제 몸이 다 들어갈 만큼 큰 입을 쩍 벌리며 위협을 한다. 괜히 심술이 나서 탱탱 부어 있는 느낌이랄까? 평소 불만스러운 얼굴을 하는 자들에게 '탱수처럼 부어 있다'고 표현하는데, 과연 그 표현이 영락없다.

'탱수'는 바다 어류 '삼세기'의 마산지역 말이다. 쏨뱅이목 삼세기과의 생선으로 우리나라 전 연안에 분포한다. 그 때문에 이 삼세기를 지역에 따라 제각각으로 편하게들 부른다. 탱수(경남), 삼숙이(강원), 삼식이(전라, 충청), 수베기(포항), 꺽지(강화), 꺽쟁이(서산, 태안), 망챙이(속초), 쑹치. 그만큼 서민들에게는 만만하고 친숙한 어족이라는 뜻이기도 하겠다.

삼세기는 배가 하얗고 볼록하며 등은 오돌오돌 돌기가 있어 거칠다. 갈색 바탕에 얼룩덜룩한 진한 무늬가 있다. 수심

바다 어류 '삼세기'의 마산지역 말인 탱수. 배가 하얗고 볼록하며 등은 오돌오돌 돌기가 있어 거칠다. 평소 불만스러운 얼굴을 한 자들에게 '탱수처럼 부어 있다'고 표현한다.

10~100m 바위 밑 등에 숨어 서식하면서 갑각류와 어류를 주로 잡아먹는다. 큰 입으로 자기보다 큰 어류도 포식할 정도로 탐식성이 강하다. 최대 35cm까지 큰다.

겉으로 보기엔 꽤 위험하게 생겼다. 그러나 독은 없다. 생긴 것은 험상궂지만 강력한 한 방(?)이 없어 실속이 없다는 뜻이다. 오죽하면 충청도 지역에서는 이놈처럼 못생기고 어수룩한 사람들을 빗대 놀리는 말로 '삼식이'란 말을 쓰기도 할까?

삼세기는 못생기고 흉측해서 호감 가는 외모는 아니지만, 국으로 끓여 놓으면 그 개운하고 시원함이 타의 추종을 불허한다. 대부분 지역에서 매운탕으로 끓여 먹는데, 시원하고 칼칼한 맛에 많은 술꾼에게 널리 사랑받고 있다.

특히 강릉을 중심으로 동해 북부지역에서는 이 삼세기로 끓여 내는 '삼숙이탕'이 유명하다. 그 조리법으로는 삼세기를 지느러미와 꼬리를 잘라내고 내장을 뺀 뒤 껍질을 벗겨 5cm 크기로 토막낸다. 냄비에 물을 붓고 팔팔 끓으면 토막 낸 삼숙이와 명태 내장(곤이), 고추장, 고춧가루를 넣고 끓인다. 한소끔 끓으면 다진 마늘과 대파를 넣고 잠시 끓인다. 먹기 직전에 미나리, 쑥갓, 풋고추, 붉은 고추, 후춧가루 등을 넣고 살짝 끓여낸다.

이 삼세기를 마산에서는 '탱수'라 부르며 생선국으로 즐겨 끓여낸다. 특이한 점은 탱수 본연의 맛을 즐기기 위해 대부분 맑은국으로 끓여낸다는 점이다. 물론 기호에 따라 매운탕으로 끓여주기도 하지만, '탱수 맑은국'은 마산에서만 먹는 특별한 음식으로 간주된다. 마산의 오래된 향토음식이자 마산 중년 남성들 가장 좋아하는 해장국이기도 하다.

'탱수국'은 원래 일제강점기에 마산으로 유입된 일본인들에 의해 대중화된 것으로 알려진다. 그러다가 시원하면서도 담백하고 뜨거운 맛의 탱수국맛을 알게 된 마산 사람들이, 자신들의 기질과 맞는 이 음식을 널리 섭생하게 된 것으로 추측된다.

조리법은 간단하다. 알맞은 크기의 싱싱한 탱수 한 마리를 내장만 제거한 후 깨끗이 다듬어 놓는다. 물이 팔팔 끓으면 탱수를 한 마리 통째 넣은 후 무, 마늘 등만 넣고 끓이다가 모재기(모자반)와 미나리를 한 줌씩 넣고 소금 간으로 한소끔 끓여낸다. 재료는 무조건 살아 있는 탱수를 기본으로 싱싱한 것을 쓰고, 육수가 팔팔 끓을 때 탱수를 넣어야 국물이 깔끔해지고 고기 살도 안 부서지고 연해진다. 양념 재료는 가장 기본적인 것들로 단출하게

진홍색의 탱수 애(간)는 부드러우면서 고소해 아귀 애에 비견될 정도다.

쓴다. 최소한의 양념을 써야 제대로 된 맑고 시원한 맛을 낼 수가 있다.

그런데 '탱수국'에는 마산만의 특징이 있다. 바로 모재기, 몰이라 불리는 '모자반'을 넉넉하게 넣는다는 것이다. 이 모재기를 넣으면 바다 해초 향이 물씬 나면서 천연 조미료 역할을 한다. 미나리는 생선에 있을 독성을 제거해주고 비린내를 잡아준다. 먹기 전 복국처럼 식초를 조금씩 타서 먹으면 더욱 깔끔하고 개운하게 먹을 수가 있다.

'탱수국'은 날이 추워질수록 더욱더 맛있어진다. 제철은 찬 바람이 부는 11월에서 이듬해 4월까지다. 그중에서도 맛의 정점에 설 때가, 한 해 중 가장 추운 12~1월 중이다.

추울 때 뜨끈뜨끈하게 먹으면 최고 반열의 음식이다. 특히 마산에는 나이 지긋한 이들의 술국으로 널리 소용되기도 하고, 그다음 날 속 쓰릴 때 필히 한 그릇씩 먹는 해장국으로 꼽히기도 한다.

마산 수산시장의 생선국 전문점에서 '탱수국'을 주문한다. 한 술 뜬다. 뜨겁게 시원하다. 맑은 해장국이라 그런지 '탱수' 본연의 맛이 그윽하다. 그리고 깔끔하고 개운하다. 기본적인 양념만 했기에, 진하게 훅 다가오는 다른 생선국과 달리 생선 향이 은은하게 올라오는 것이 격조가 있다.

부드러운 살은 혀로 짓이겨질 정도로 부드럽고, 머릿살 등은 살짝살짝 쫄깃해 재미가 있다. 껍질은 복어껍질 못지않게 가슬가슬하면서도 끈적끈적 혀끝에 들러붙는다. 붉디붉은 진홍색의 애

(간)는 부드러우면서도 고소하기가 아귀 애에 비견될 정도다. '탱수조림' 또한 짭조름하면서도 생선조림의 감칠맛과 쫀득한 식감을 잘 살려 흔쾌하다. 무 또한 탱수의 깔끔한 향이 스며들어 담백하고 은근하다. 아주 흔쾌한 해장국 한 그릇이다.

여기서 의문점 한 가지. 마산과 만(灣) 하나 사이로 인접한 부산 사람들은 '탱수'라 하면 고개를 갸웃거린다. 최근 미디어의 발달로 '삼식이'라고 하면 어느 정도 인지할 정도이다. 언어나 생활습관, 음식문화 등이 이질감이 별로 없는 두 지역인데도 이 '탱수'만은 호불호가 극명하게 갈린다.

지리적으로 부산과 마산은 남해 끝자락과 동해 끝자락이 만나는 경계지역인 데다 탱수의 동방한계선(?)이 마산쯤인 것도 같고, 잔가시가 많아서 가시를 섬세하게 발라 먹어야 하는 탱수국이 부산 사람들의 기질과 안 맞을 수도 있겠다. 그래서 더욱 오리무중, 요지경 속 마산의 향토음식이 바로 '탱수국'이다.

여하튼, 찬 바람이 불면 더욱 맛있어지는 마산 탱수국. 맑은국으로 자주 먹기에 다른 지역 삼세기 매운탕과는 결이 다른 음식이다. '마산 삼세기 맑은국'은 본연의 '탱수국'이란 독립적인 음식 이름으로 분류해야 할 것도 같다.

3

소울푸드,
바다와 강이 차려낸
식탁

통영 멍게

달콤쌉쌀한 멍게의 맛

남쪽 갯가 사람들은 봄이 완연해지면 쌉쌀하면서도 싱그러운 갯가 음식으로 몸을 깨우고, 입맛을 되살린다. 초봄에는 도다리쑥국으로, 봄이 온전한 4~5월 즈음에는 멍게 음식으로 겨우내 움츠렸던 몸을 오롯이 건사하는 것이다. 따뜻한 봄바람에 갯냄새 향긋한 멍게 한 점! 생각만 해도 입안 가득 침이 고이는 것이다.

멍게는 비교적 단단한 껍질 속에 부드러운 속살을 지닌 해산물이다. 유생일 때는 물결에 따라 떠다니면서 생활하다가 성체가 되면 바위나 진흙 속에 뿌리 내려 삶을 유지한다. 껍질 표면에는 돌기가 2개 돋아 있는데, 하나는 바닷물을 빨아들이는 입수공이고 하나는 물을 내뱉는 출수공이다. 입출수공을 통해 각종 유기물이나 플랑크톤 등을 걸러서 먹는다. 수명은 5, 6년 정도로, 자연산인 경우 3년 정도 되면 20cm 정도로 자란다. 양식은 2년 정도 키우면 먹기 좋은 크기로 자란다.

우리나라 연안에만 70여 종이 서식하는데, 널리 식용하는 종류로는 통영의 '멍게', 남해지역의 '돌 멍게', 동해지역의 '비단 멍게' 등이 있다. '비단 멍게'는 잘라놓으면 살이 붉다 못해 핏빛을 띤다. 그래서 동해 쪽 사람들은 '피 멍게', '붉은 멍게'라 부르기도 한다.

'돌 멍게'는 마치 바닷속 돌멩이처럼 생겼다 하여 붙여졌다. 남해 연안에 서식하는데, 그 맛이 싱그럽고 향이 짙다. 부산에도 영도지역 연안에서 지금도 해녀들 물질로 소량 채취된다. 풍류를 아는 술꾼들은 이 돌 멍게 껍질로 술잔을 삼기도 한다.

멍게는 깊은 바다 바위 등에 붙어 군집을 이루고 식생하기에 양식 이전에는 해녀나 잠수부들이 채취했다. 그러하기에 아주 귀하고 비싼 해산물이었다. 그러나 1970년대 통영, 거제를 중심으로 양식이 이루어지면서 서민들에게도 싸게 널리 보급되었다. 멍게 생산량의 70% 이상을 차지하고 있는 통영은 우리나라 멍게양식의 시배지이다. 그 위상이 어느 정도냐 하면, 통영 말인 '멍게'의 표준어 등재를 들 수 있다. 원래 '멍게'는 경남의 지역 언어다. 표준어로는 '우렁쉥이'이다. 그러던 것이 경남지역의 멍게가 대량생산되면서, 우렁쉥이와 함께 복수 표준어가 된 것이다.

통영 산양읍 영운마을. 일명 멍게 마을이라 불리는 곳이다. 포구 전체가 멍게 생산지로 이름 높고 이 마을에서 멍게양식을 전국 최초로 산업화했기 때문이다. 통영에 유일하게 설립된 '멍

수확한 멍게를 다듬는 모습

게수하식수협'에 의하면, 현재 통영 384ha, 거제 247ha 멍게 양식장에서 연간 2만t 이상의 멍게가 생산되는데, 그중 영운마을이 멍게 생산의 30%를 차지하고 있단다.

마을 앞 일운항에는 멍게 작업장 뗏목을 접안시켜 놓고 몇몇 아낙이 분주하게 멍게 해체, 분류작업을 하고 있다. 예전에는 일일이 손으로 해체, 수확했지만 지금은 멍게 자동수확기로 해체하기에 훨씬 일손이 수월해졌단다. 일운항에서 멍게 작업을 하고 있는 남성수산 정상성 대표를 만났다. 정 씨는 1987년부터 멍게 양식을 시작하여 지금까지 멍게양식업에 종사해 왔다. "멍게양식 초창기에는 멍게 한 마리에 1,000~2,000원 할 정도로 귀했던 해산물이었습니다. 출하할 때도 한 마리, 두 마리, 마리당 세어서 팔았을 정도니까요." 정 대표의 말이다. "당시에는 모두 현금결제니까, 멍게를 출하하는 날이면 돈을 마대 자루에 담아 보관했습

양식으로 거둬들인 멍게가 배 후미 봉줄에 주렁주렁 매달려 있다.

니다. 이 돈 자루를 통영 시내 은행장이 직접 차로 실어서 입금했을 정도였다."고 당시를 회상한다.

정 대표에게 멍게양식에 관해 물었다. "멍게양식장은 1ha당 200m의 어장 줄에 5m 간격으로 10줄씩 설치됩니다. 그 줄에 멍게를 채묘한 5m짜리 봉줄을 매달아 일정 수심에서 1년여 길러내는 것이죠."

멍게의 산란 시기는 12월. 채묘도 시기에 맞춰 이때 한다. 채묘한 멍게를 채묘장에서 1년여 키운 후, 양식장에 이식, 이듬해 2~5월에 수확하는 것. 유생을 채묘, 팜사(야자 껍질을 꼬아 만든 실)에 부착 후, 양식장에 수하해서 수확할 때까지, 3년여를 꼬박 키워야 출하가 가능하다는 이야기이다.

멍게는 통영을 중심으로 서바다와 동바다에 양식장을 두고 적절한 시기에 맞춰 이동하며 양식을 한다. 이를테면 수온이 낮을 때는 거제대교를 중심으로 한 수심 6~8m의 통영 동쪽 바다에서 멍게를 키우고, 여름철에는 폐사를 대비해 비교적 수심이 깊은(15~20m) 통영대교를 중심으로 통영 서쪽 바다로 이동하여 양식을 한다. 그리고 출하 전에는 내만권으로 이동해서 속살을 채운다. 속살 채우는 자리가 통영 한산도 연안과 거제 둔덕 지역이다. 수확한 멍게를 이동할 때 배의 후미에 멍게를 주렁주렁 매단 봉줄을 달고 이동을 하는데, 푸른 바다에 붉은 봉줄을 단 멍게 배가 이동하는 장면은 아주 볼만한 풍경이라고.

원래 멍게의 제철은 초여름부터이다. 그러나 통영의 멍게양식이 끝나는 시기는 6월 즈음이다. 남해의 특성상 수온이 올라가면 멍게는 세균 등에 의한 집단폐사에 쉬이 노출되기 때문. 그 때문에 멍게 생산 및 출하가 2~5월 봄철에 집중되는 것이다.

통영음식문화연구소 이상희 소장이 직접 운영하는 통영 멍게 음식 전문점 '멍게가'에서 멍게 밥상을 받는다. 멍게회를 비롯해 멍게비빔밥, 멍게덮밥, 멍게된장국, 멍게전, 멍게샐러드 등이 풍성하다. 멍게는 쌉싸래하면서도 바다의 향을 물씬 풍기는 갯것이기에 날것으로 주로 먹지만 요리를 해 먹어도 아주 괜찮다.

비빔밥은 갖은 해초와 야채를 듬뿍 얹고 멍게 다진 것을 고명으로 하여 비벼서 먹는다. 비빔밥 한 술에 상큼한 바닷바람이 온몸을 감싼다. 통영 바다의 모든 것이 듬뿍듬뿍 들어간 멍게된장국은 쌉싸래하면서도 구수하고 들큰함이 서로 절묘하게 어우러지는 풍미를 가진다. 샐러드는 짙은 싱그러움이 남다르고, 멍게전은 막걸리 안주로 안성맞춤이다.

통영 '멍게가'의 멍게 음식은 식자재로서의 '멍게의 가능성'을 잘 개발한 사례이다. "통영은 동네마다 바다에 떠밀려 온 멍게를 삶아서 간식이나 술안주로 해 먹었습니다. 돌 멍게는 단단한 껍질까지 깎아서 채로 먹기도 했고요." 날로 먹을 줄만 알았던 멍게를 다양한 음식에 접목해서 만든 그 시작도 통영 음식문화에서 그 뿌리를 두고 발현되었다는 이 소장의 설명이다. 지역 식재료로 지역음식을 개발하고, 널리 거둬 먹인다는 것. 지역음식의 보존과 대별되면서도 2인3각의 보편적 발전전략이 충분히 될 수 있겠다.

멍게비빔밥

섬진강 벚굴

벚꽃 흐드러질 때 벚굴도 만개한다

성큼성큼 다가오는 봄의 행보가 바지런하다. 안도현 시인의 시 '순서'를 빌리지 않더라도, 앞마당에 매화가 피고, 마을회관 앞에는 산수유가, 우물가에는 앵두가 피더니, 재 너머에는 사과나무가 꽃을 피우고…. 봄이 걸음하며 제 손길 스친 곳마다 어김없이 조랑조랑 꽃망울을 맺고, 화사한 봄꽃들이 솜사탕처럼 벙근다. 섬진강 변에도 어김없이 봄이 한창이다. 매화가 흐드러지자 산수유 노란 꽃망울이 터지고 이윽고 벚꽃 또한 숨 가쁘게 자지러진다. 섬진강에는 이들 봄꽃 이외에도 봄을 알리는 전령이 또 하나 있다. 봄이면 물속에서 마치 벚꽃처럼 하얗게 군락을 이루며 자생하는 '벚굴'이 그것이다.

벚굴은 바다와 섬진강이 만나는 기수지역 깨끗한 물속에서 서식하는 민물 굴로, 바다가 아닌 강에서 자란다고 '강굴'이라 부르기도 한다. 바다 굴과는 그 크기나 맛, 서식 생태 등 여러 가지가 다른 놈이다.

일반 굴이 겨울이 제철인 데 반하여 벚굴은 벚꽃이 만개하는 봄철이 제철이다. 2월 중순에서 4월 말까지가 제철인데, 산란을 앞둔 3, 4월이 영양가가 높고 맛도 좋다. 이 때문에 매화와 벚꽃이 피는 시기에 섬진강 하구의 몇몇 마을에서 이 벚굴을 본격적으로 채취한다. 벚꽃이 한창일 때 채취하기에 '벚굴'이란 이름 또한 시기적으로도 절묘하다. 전남 광양시 진월면 망덕포구와 강 건너 하동군 고전면 전도리 신방포구가 주 생산지이다.

그러고 보니 섬진강은 굴과 예사롭지 않은 인연을 지니고 있다. 벚굴이라는 독특한 민물 굴이 생산될 뿐만 아니라, 우리나라 최초로 굴 양식이 시작된 곳이기도 하다. 조선조 『태종실록』에는 광양만 일대 섬진강 하구에서 굴을 양식했다고 기록되어 있다. 벚굴은 한때 전국의 큰 강 하구에서는 쉬 볼 수 있었던 민물 굴이다. 금강 하구나 한강 하구 또한 유명했던 벚굴 자생지였다. 이제는 강의 오염과 하구언 개발 등 그 환경이 열악해짐에 따라, 하구의 생태가 건강한 섬진강에서나 볼 수 있는 귀한 존재가 되었다.

일반적으로 굴은 부화와 함께 바다 위를 떠다니는 유생 시절을 보내

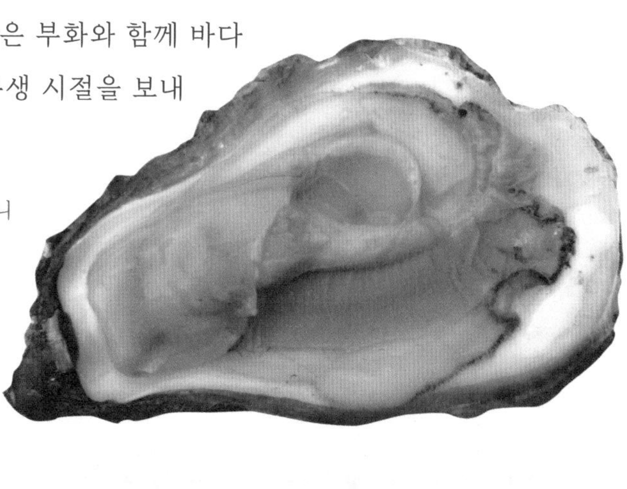

벚굴을 까 손에 올려보니
손바닥이 다 가려진다.

다 적당한 장소가 있으면 정착해 한곳에서 그 생을 보낸다. 주로 바위에 붙어 살기에 '바위에 핀 꽃'이라 하여 '석화(石花)'라 불리기도 한다.

벚굴 또한 섬진강 물속 바위에 붙어 군락을 이루며 서식하는데, 물속에서 보면 벚굴이 먹이 활동을 위해 패각을 벌린 모습이 마치 '하얗게 만개한 벚꽃처럼 아름답다'고 붙여진 이름이다. 물속 바위에서 벚꽃처럼 환하게 난분분한 벚굴은 그야말로 '물속 장관'이라 할 수 있겠다.

"벚굴은 수심 2~5m 섬진강 물속에 서식하기에, '머구리'라 부르는 전문 잠수부가 산소 호스에 의지하여 직접 손으로 채취를 합니다. 그만큼 채취가 어렵고 귀한 굴이라 할 수 있습니다. 물때에 맞춰 한 달에 보통 10일에서 15일가량 작업을 하는데, 한 사람이 하루 평균 4, 5시간 물에 들어가 300～400kg의 벚굴을 채취합니다." 하동 목압서사의 조해훈 시인이 한 설명이다.

성장 속도가 빨라 3년 정도면 20~30cm 크기로 자라는데, 그 크기가 일반 굴의 열배 이상인 '대형 종'으로 다 자란 놈은 팔뚝만 한 것도 있다. 민물과 바닷물이 뒤섞이는 곳이라 그 맛이 짭짤하면서도 달큼해 풍미가 예사롭지가 않다. 일반 굴보다는 맛이 연하고 덜 짜기에 굴의 진한 맛과 굴 비린내를 싫어하는 이들도 좋아한다.

벚굴은 봄꽃이 피는 시기와 서로 맞아떨어져, 섬진강 주변으로 꽃놀이 온 상춘객에게는 더없는 봄철 별미로 손꼽힌다. 그러하기에 봄꽃 축제 때 이 지역의 별미로 큰 인기를 끌고 있기도 하

석쇠에 구운 벚굴 또한 별미다.

다. 섬진강 변의 광양 매화축제나 하동 벚꽃축제에서 지역 대표 먹거리 가운데 제일 앞에 서는 것이 벚굴인 것도 당연한 일이다.

이 벚굴을 처음 대한 것은 20여 년 전 굴을 전문으로 파는 단골 포장마차에서였다. 오동통한 굴을 주문 즉시 직접 까서 한 접시씩 내놓던 곳인데, 일반 바다 석화보다 훨씬 커 그 크기에 압도당할 정도였다. 한입에 넣을 수 없어 몇 등분으로 나누어 먹는데도, 입에 꽉 차는 풍성함이 넉넉했다. 부드러우면서도 탱탱한 식감, 짭조름하면서도 달큼한 풍미 등이 서로 잘 어우러졌다. 고추냉이 소스와 회초장, 레몬즙과 새콤매콤한 타바스코 소스, 달짝지근 짭짤한 간장 소스에 새콤달콤한 무장아찌 소스 등 다양한 소스 또한 잘 어울려 '마파람에 게 눈 감추듯' 몇 접시를 비워냈던 첫맛의 기억이 선명하다.

문화판 후배들과 섬진강에서 공수한 벚굴로 자리를 만든 적이 있었다. 목공예 하는 후배의 작업장 마당에 모닥불을 피우고, 큼지막한 석쇠에 구두짝만 한 벚굴을 가득 올리고 둘러앉았다. 벚굴 껍질이 타닥타닥 튀어 오르고 곧이어 '쩍~!' 하고 벚굴이 입을 벌린다.

구수하면서 달콤한 굴 익는 냄새가 온통 가득하다. 뜨거운 벚굴을 한 개씩 들고 호호~ 불며 맛을 본다. 탱글탱글 잘 익은 굴이 한입 가득이다. 아~ 봄은 이렇게 입으로부터 시작해서 바야흐로 다가오는 것일까?

이렇게 섬진강 벚굴을 날로 먹고, 구워 먹고, 김치에 얹어 먹고, 달걀과 함께 볶아 먹고, 라면에 함께 넣어 끓여 먹고… 이러구러 벚굴과 함께 기꺼운 시간을 보냈다. 그때부터인가? '춘래불사춘(春來不似春)'의 우리네 마음속에도 이미, 봄이 깊숙이 들어앉아 버렸음이다.

벚굴은 초장에 찍어 날로 먹기도 하지만 구워서 먹으면 그 담백함이 남다르다. 쪄서도, 튀겨서도 먹고, 달걀을 입혀서 굴전으로 부쳐 먹기도 한다. 벚굴 마을에서는 봄철 영양식 삼아 죽으로도 끓여 먹는다.

단백질과 무기질, 각종 비타민과 아미노산 등이 풍부해 성인병 예방에도 유효하고, 강장에 좋은 아연을 일반 굴보다 3배 이상으로 많이 함유하고 있어 마을 주민들은 '강 속의 보약'이라 부르기도 한단다. 이런 저런 이유에서라도 섬진강 봄꽃 나들이에는 꼭 한 번 먹어야 할 지역 음식 중 하나가 벚굴이다.

영도 곰피와 기장 다시마

볼이 미어지도록 봄 바다 크게 한 쌈

예부터 해조류는 '신선이 먹는 음식'이라 했다. 때문에 '바다의 불로초'라고도 한다. 특히 봄이 제철인 해조류들은 생명의 기운이 더욱 강하기에, 인체에 더 유익한 작용을 한다. 곰피, 다시마 등이 대표적이라 할 수 있겠다.

봄나물도 그렇지만, 봄 해조류도 봄을 깨우고 입맛을 돋워 몸의 활기를 채워준다. 요즘이야 다양한 해조류를 양식하고 있어 철을 가리지 않고 쉬 먹을 수 있지만, 한때 바다의 계절을 알리고 그 계절의 기운을 맛볼 수 있었던 대표적 식재료가 해조류였다. 하여 봄을 만끽하기 위해 해초로 '싱그러운 봄 바다 한 쌈'을 크게 싸 먹는 것도 아주 기꺼운 일이다.

봄 바다의 제철 해조류 중 대표적인 것이 곰피와 다시마다. 곰피는 아직 대량 양식이 안 되는 몇몇 해조류 중에 하나라 봄의 입맛을 다스리기에 더욱 반가운 해조류이고, 다시마는 다양한 영양소를 골고루 갖춘 해초라 좋다. 이 모두 우리나라 동남부 해안에서 자라며 봄철 3~6월이 가장 생육이 왕성한 다시마목 여러해살이 갈조류 해조들이다. 부산에는 영도 남부 일대와 기장 지역에 분포한다.

곰피는 영도 연안에서 자생하는데 주로 잠수를 하여 채취하거나 큰물이 난 뒤 해안가로 밀려온 것을 거둬 음식재료로 쓰고, 다시마는 기장 연안에서 대량으로 양식하는데 근래에는 기장 특산 수산물로 널리 사랑받고 있다.

둘 다 씹는 식감이 아주 뛰어나고 맛이 좋은 해초이기에 주로 데쳐서 쌈으로 싸 먹거나, 채를 썰어 젓국양념장에 마늘, 청량초 등을 넣고 버무려 먹기도 한다. 모두 알긴산이 풍부해 몸피에서 미끌미끌한 진이 나오는데, 특히 곰피에서 나오는 곰피진액으로 곰피밥과 곰피시락국을 해 먹으면, 감칠맛이 아주 풍부한 색다른 별미를 맛볼 수 있다.

파도에 밀려온 곰피를 거두러 동삼중리 몽돌해안을 찾았다. 봄바람이 싱그럽다. 몽돌해안가로 검은 띠를 잇듯 곰피가 가득 밀려와 쌓여 있다. 봄볕 맞으며 곰피를 줍는 아낙이 두엇 보인다. 벌써 큰 비닐봉지에 거둬들인 곰피가 가득하다.

다가가 짐짓 "곰피로 뭐할 거냐?"고 묻는다. "데치가꼬 쌈 싸 묵꼬, 젓국에 찍어 묵꼬, 채 썰어서 무치 묵꼬 그라지예." 영도 영선동에 사는 이정은 씨의 말이다. "그란데 곰피를 아네예? 우리사 어릴 때부터 영도에 살면서 무우 봐서 알지만서도."

"그 시절에는 어떻게 해 먹었습니까?" "곰피를 푹 삶아가꼬 밥

할 때 넣어서 곰피밥도 해 묵꼬예, 쌈도 싸 묵꼬, 채 썰어가꼬 조물조물 무치서도 무웃다 아입니꺼. 곡식이 귀할 때라 곰피밥 해 놓으면 양이 많아지서 온 식구들이 함께 밥을 무울 수 있었다 아인교. 밥해 놓으면 팥밥처럼 빨가이 색깔도 좋았고 밥도 달달하이 맛있었지예."

이 씨의 말을 빌리자면 영도 해안가에는 오래전부터 곰피가 대량으로 자생하고 있었던 것 같다. 주로 해녀들이 이 곰피를 채취했는데, '제주 출신 해녀들이 큰 자루에 곰피를 가득 담아 짊어

곰피밥, 곰피시락국, 곰피채무침 그리고 다시마와 곰피 쌈으로
푸짐하게 차린 봄철 해조류 밥상

지고 해안 절벽길을 오르던 모습이 생생하다'고 회상한다.

동삼중리 해안에서 가져온 곰피로 집에서 '곰피 밥상'을 차려 본다. 곰피를 깨끗이 씻어 끓는 물에 10~15분간 데친다. 식이섬유가 많은 해초라 오래 데쳐야 그 질감이 부드러워진다. 데친 곰피는 건져두고 짙은 갈색의 곰피물은 따로 보관했다가 '곰피시락국'의 육수와 '곰피밥'의 밥물로 사용한다. 곰피물은 미끈미끈한데, 인체에 다양한 효능이 있는 수용성 섬유질인 알긴산 성분이 다량으로 함유되어 있어서 그렇다.

우선 '곰피밥'을 한다. 쌀을 씻어 곰피물로 밥물을 잡고, 곰피를 채 썰어 넣고 밥을 한다. 밥물이 끓을 때쯤 향긋한 해초 냄새가 온 주방에 진동한다. 넉넉하게 뜸을 들인 곰피밥을 푼다. 밥에 윤기가 자르르 흐르는 것이 입에 침이 다 고인다. 냄새를 맡아보니 봄 바다 냄새가 파릇파릇 싱그럽게 피어난다. 마치 봄 바닷바람이 살랑대는 것 같다.

곰피물에 된장 풀고, 텃밭에서 월동한 배추시래기를 넣어 바글바글 '곰피시락국'을 끓인다. 곰피를 물에 담가 우려내면 찐득한 물이 어리는데, 이 물로 시락국을 끓이면 들큰하고 진한 감칠맛의 시락국이 완성되는 것이다.

한술 뜬다. 시원함과 구수함이 여느 국과 비할 바가 못 된다. 부드러우면서 깊은 맛을 내는 국물은, 담박하면서도 숟가락을 놓지 못할 정도로 중독성이 있다. 간간히 곰피가 쫀득쫀득하게 씹히고, 들큰한 배추시래기가 보들보들 잘 어우러지는 음식이다.

적당한 크기로 자른 곰피에 곰피밥을 올리고 기장 멸치젓국 양념장을 듬뿍 얹어 한 입 크게 쌈을 싸 먹는다. 온 입안에는 봄 바다 조류 속 곰피밭이 일렁인다. 푸들푸들 해조류 밭 사이로 멸치 떼가 물결 따라 무리를 이루고 유영한다. 양념장에 섞여 있던 땡초 하나가 아삭 씹히면서 맵싸하고 개운한 '맛의 방점'을 찍는다.

곰피밥을 양념장에 쓱쓱 비빈다. 고소한 참기름 냄새가 솔솔 난다. 밥알 하나하나가 곰피채와 함께 입안에서 즐겁게 어우러진다. 고슬고슬하고 꼬들꼬들한 밥맛이 고소한 양념장과 천생연분이다. '곰피채무침'을 한 젓가락 곁들여 먹으니, 그야말로 봄 바다가 식탁에 올라 상쾌하게 철썩인다.

요즘 대량 양식에 성공한 '쇠미역'을 일명 곰피라 부르며 혼용하고 있는데, 이는 잘못된 일이다. 쇠미역은 엽체가 다시마처럼 반투명한 갈색이고 오돌토돌한 돋을새김 무늬가 규칙적인 데 반해, 곰피는 엽체가 진한 갈색으로 두껍고 돋을새김이 불규칙적이다. 바로잡아야 하겠다.

시장에서 구입한 햇다시마도 물에 데쳐 쌈을 싸 먹는다. 곰피와는 달리 식감이 부드럽고 입안에서 여러 음식과 잘 어우러진다. 다시마에 봄 멍게 한 점 올리고 젓국장과 땡초 한 점 올려 싸 먹는다. 아주 작정을 하고 봄물의 바다가 터져 오르고, 봄 물결이 출렁출렁 한껏 넘쳐난다.

다시마는 주로 염장을 하거나 말려서 일 년 내내 다양한 음식으로 만들어 먹는데, 아쉽게도 제철 다시마의 신선하고 오돌오돌한 맛은 반영하지 못하는 단점이 있다. 하여, 봄 다시마 나는 철에는 필히 생다시마로 쌈을 싸 먹어 볼 것을 권한다.

오래전 완도의 전복양식장 취재를 간 적이 있는데, 마침 전복양식용 다시마가 나올 철이었다. 다시마가 출하되기 전에는 주식으로 미역을 먹던 전복이, 다시마 철이 되면서 미역에는 입도 대지 않는 것이다. 이처럼 전복도 봄 다시마의 그 신선한 맛을 꿰뚫고 있을 정도니, 봄철 생다시마를 싸 먹어야 할 이유는 알고도 남음이 있다.

봄에 필요한 인체의 활성영양소를 다량으로 함유하고 있는 봄철 해조류. 이들을 즐거이 섭취함으로써, 봄철 건강과 싱그러운 봄날의 개운한 입맛도 즐겨보는 것. 이 또한 봄날을 흥미롭게 보내는 방법 중에 하나이겠다.

낙동강 갱갱이젓

짭조름한 낙동강 봄의 별미

부산의 식재료 중 낙동강 하구 모래톱에서 봄에만 잡히는 '갱갱이'란 놈이 있다. 봄이 자지러지는 4월, 낙동강 하구 모래톱 연안에 따뜻한 봄볕이 내려앉으면, 완만한 물살의 물골 따라 자잘한 연두색 물풀이 지천으로 피어오른다. 오로지 4~5월, 이 물풀을 먹이로 하는 갱갱이가 낙동강 사람들 입맛을 사로잡는 갱갱이젓의 재료가 된다.

갱갱이는 세계적으로 800여 종이 분포하는 곤쟁이 과의 아주 작은 갑각류. 이 갱갱이로 낙동강 봄의 별미 '갱갱이젓'을 담는데, 그 맛이 가히 일품이다. 비린 맛이 없고 풍미가 깊어 봄날 입맛 되살리는 최고의 음식으로 널리 손꼽혀 왔다.

'갱갱이젓'은 낙동강 모래톱 연안의 갱갱이를 소금에 절인 젓갈로, 마늘, 쪽파, 땡초, 통깨 등을 넣고 쓱쓱 버무려 먹는 음식이다. 고슬고슬한 흰 쌀밥에 비벼서도 먹고, 따끈한 밥 위에 갱갱이젓 한 술 올려 먹을 수도 있다. 봄 상추쌈 싸 먹을 때 밥 한 덩이에 갱갱이젓 넉넉히 올리고, 볼이 터져라 먹어도 흔쾌하고 푸근하다. 잡는 시기도 짧고 채취량이 적어 낙동강 사람들도 봄철 한 달 아주 귀하게 먹는 음식으로 부드러우면서도 고소하고, 감칠맛이 돌면서도 짭조름해 봄 입맛 돋우기에 이보다 더할 계절 음식도 찾기 어렵다.

갱갱이는 낙동강 하구인 부산 명지에서 녹산에 이르는 모래톱 연안에서 서식한다. 4~5월, 한 달에서 한 달 반 정도 잡히기에 아주 귀하고 값비싼 식재료이다. 이 시기가 지나면 갱갱이의 갑각(甲殼)이 억세져 젓으로 담가도 식감이 안 좋고 깊은 맛이 덜하다.

갱갱이는 봄볕 좋은 날, 모래톱 물골을 따라 모여드는데, 개체가 작아 모기장으로 만든 뜰채로 일일이 떠서 잡는다. 모기장을 삼각형 모양으로 만들어 펄과 물풀이 뒤섞인 곳에 서식하는 갱갱이를 살살 떠올린다. 떠올린 갱갱이는 뜰채와 연결된 '홍'이라는 통발에 따로 모아 보관한다.

뜰채를 잘못 뜨면 갱갱이가 펄과 함께 올라오기에 선별하기 힘들어지거니와, 개체가 여간 작고 여린 것이 아니어서 힘 조절을 잘못하면 뭉개지므로 조심해야 한다. 잡은 갱갱이는 선별 과정을 거쳐야 하는데, 뜰채로 살살 일어 펄과 물풀 등 섞여 있는 이물질을 분리해야 한다. 갱갱이를 잡는 것도 쉽지 않지만 선별 과정도 지난한 노동이 따르기에, 사람의 '정성과 인내의 시간'이 함께 해야 맛을 볼 수 있는 '곤고한 노동의 음식'이 바로 '갱갱이젓'이다.

워낙 개체가 작아 온종일 잡아도 한 양동이 이상을 못 잡는데, 그마저 예전만 못해 생산량이 당시의 30%에도 못 미친다고. 명지 사람들이 주로 생업으로 갱갱이를 채취하는데, 한때는 6, 7세대가 채취를 하다가 지금은 2, 3세대가 근근이 그 명맥만 유지한다.

갱갱이를 잡고 나면 소금과 버무려 갱갱이젓을 담는다. 개체가 부드럽고 여리기에 소금 간을 잘 맞춰야 한다. 소금을 많이 넣으면 갱갱이 본연의 맛이 다 빠져나가 제맛을 잃어버리고, 소금 간이 적으면 상하거나 녹아버려 본연의 식감과 풍미를 잃어버린다. 참 까탈스럽고도 손이 많이 가는 식재료이다. 젓갈 음식이면서도 저장성이 약해 오래 두고 먹지도 못한다. 젓을 담고 삼사일 뒤면 바로 먹을 수 있는데, 한 달을 채 못 먹는다. 그래서 갱갱이젓은 낙동강에서만 먹을 수 있는 제철음식이자 특별음식이다.

갱갱이젓은 풋마늘과도 잘 어울리는데, 명지에서는 송송 썬 여린 풋마늘에 고춧가루, 깨소금, 땡초 등 속을 넣고 버무려 먹는다. 때문에 풋마늘이 막 나올 철인 4월을 갱갱이젓이 가장 맛있는 시기로 꼽기도 한다.

갱갱이젓을 맛보기 위해 명지 사람 몇몇과 명지 새동네의 한 식당을 찾았다. 제철마다 다양한 낙동강 식재료로 별식을 만들어내

는 집이다. 점심 무렵이라 많은 사람들이 낙동강 ‘개맛’과 ‘백합’으로 장만한 ‘맛탕’과 ‘백합탕’ 등으로 속을 풀고 있다.

우선 갱갱이젓으로 쌈도 싸 먹고, 비벼도 먹고, 밥에 얹어도 먹어본다. 첫맛은 개운하면서도 간간하고, 감칠맛이 은은하게 입안으로 차오르는 것이 대단하다. 그윽한 새우의 맛을 잘 살려내면서도 갱갱이젓만의 풍성한 풍미와 감칠맛, 적당한 염기가 아주 적절하다. 강과 바다가 만나는 낙동강 기수지역의 맛이랄까? 짜지도 싱겁지도 않으면서 코끝으로는 짭짤한 갯바람이 불어오고, 맛이 짙지도 연하지도 않으면서 입안으로 온갖 풍미가 낙동강 하구의 들물과 날물의 조류처럼 풍성하다.

“흰 쌀밥에 갱갱이젓 얹어 살살 비벼 먹으면 더 이상의 진수성찬은 없습니다. 봄 입맛 살리는 데는 최고지요.” 한때 2대에 걸쳐 갱갱이를 채취했던 이성만 씨 말이다. “와 아이라요. 갱갱이 쌈은 어떻고요. 상추에 밥 한 덩어리 척 얹고 갱개이젓 한 숟갈 올려 묵으면 그저 그만 아인교.” 명지주민 윤중일 씨가 말을 받는다.

“요즘은 옛날 갱갱이젓 맛이 제대로 안 나요. 짭조름하면서도 고소한 새우의 맛이 잘 살아나야 되는데, 짜기만 하고 깊은 맛도 없고요.” “형님 어무이가 갱갱이젓을 잘 담갔는데, 인자 먹도 모하고… 봄만 되면 어무이 담근 갱갱이젓이 생각난다 아입니꺼.”

이성만 씨의 모친 고 김명순(1923년생) 할머니를 두고 하는 말이다. 김 할머니는 생전 낙동강 유역 최고의 갱갱이젓갈 명인이었다. 명지사람들은 김 할머니를 ‘갱갱이젓을 제일 잘 담고 맛을 제대로 내는 사람’으로 기억하고 있었다. 지금도 김 여사의 갱갱

갱갱이젓은 봄 채소로 쌈을 싸 먹기에도 좋고, 밥 위에 끼얹어 비벼 먹어도 풍미가 좋고 짭조름한 맛을 즐길 수 있다.

이젓 맛을 잊지 못할 정도. 그만큼 갱갱이젓의 명맥이 사라져 가고 있다는 반증이기도 해 씁쓸하다.

워낙 채취량이 적어 산지에서 모두 소비되는 낙동강 별미 향토음식, 갱갱이젓. 한번 맛을 들이면 해마다 찾게 되는 봄철 제철 음식이자 중독 음식이다. 그러나 시간과 정성에 비해 결실의 만족도가 낮은 '인내와 정성의 음식'이기에, 그 보존과 명맥을 보장할 수가 없다. 풍성하고 넉넉한 낙동강의 봄을 알리는 부산의 식재료 갱갱이. 그 보존과 기록이 절실한 시기이다.

가덕숭어

향토음식의 재발견, 맛깔난 수어秀魚

생선회에 구이, 탕 그리고 회무침에 생선미역국, 게다가 제대로 별미인 생선껍질 숙회까지… 한상 가득한 데다 푸짐하다. 고소한 생선구이 냄새가 식욕을 자극하고, 쫄깃쫄깃한 생선회 육질이 깨끗하고 선명하다.

부산 가덕도에서 전국 생산량의 많은 부분을 차지했던 생선, 숭어. 그 맛이 빼어나고 수려해 수어(秀魚)라고 불리기도 했고, 임금께 진상하기도 했던 꽤 괜찮은 물고기, 숭어. 이러한 숭어가 정작 생산지인 부산에서 천대받는 것은 참으로 아이러니한 일이다.

워낙 대량으로 어획되는 데다 숭어의 습성과 그 조리법의 부재로 인한 오해가 컸기에 그렇다. 그럼 숭어에 대한 치명적인 오해와 진실은 무엇일까? 그 첫째는 '맛이 없는 생선'이라는 것이다. 때문에 횟감으로만 그나마 먹을 수 있다는 것이다.

음식 대부분이 그렇겠지만, 개체 수가 많고 또한 제철에 먹지 않으면 그럴 수도 있겠다. 낚시꾼에게 꿈의 생선인 '감성돔'도, 산란철이 지나면 '똥감시'라고 하대 받을 정도로 맛이 떨어진다. 모든 생선이 그러할진대, 유독 숭어만 오해를 특별히 사고 있는 것이다.

숭어는 몸에 지방이 축적되어 눈에 백태가 끼는 3~4월이면 그 맛이 최고점을 찍는다. 이맘때쯤의 숭어는 차지고 쫄깃한 데다 고소한 지방분까지 함유하고 있어 가히 '수어'라 할 만큼 '맛있는 횟감'이 된다.

가덕숭어

숭어에 대한 두 번째 오해는 연안의 개흙을 먹기도 하고 수면 위로 회유하는 어종이라 물에 떠 있는 기름을 먹을 수 있어 '더러운 생선'이라는 것이다. 그러나 장만을 잘하면 아무런 관계가 없다. 또한, 연안의 개흙을 먹기에 그 살이 오히려 달고 부드럽다.

나머지 오해는 흙내나 기름 냄새 등 잡냄새가 심해, 요리 재료로는 적합하지 않다는 것이다. 그러나 이는 조리하는 사람의 장만법이 잘못돼서 일어나는 일이 대부분이다. 숭어는 민물의 개흙을 먹기도 하고 본의 아니게 기름에 노출될 수도 있다. 때문에 내장 제거를 잘해야 된다. 내장을 터트리지 않으면 잡냄새도 없다.

숭어는 가덕도 인근에서 4월 말이나 5월 초까지 잡힌다. 그 이후에는 눈을 가리고 있던 백태가 사라져 영민해지기에 잡기가 쉽지 않다. 백태가 낀 계절이 숭어를 잡기도 쉽고 맛있기도 한 것이다. 때문에 숭어는 조기, 웅어와 더불어 봄을 대표하는 최고의 생선으로 꼽히기도 한다.

이 중 가덕숭어는 다른 지역 숭어보다 육질이 부드럽고 탄력이 있으면서 향긋한 맛이 더해져 가히 일품이다. 이는 가덕도 일대가 낙동강과 바다가 만나 영양분이 풍부한 천혜의 어장인 데다 가덕도만의 독특한 어로방식에서 기인한다.

가덕숭어는 국내 유일의 전통어로방식인 '숭어들이(육소장망, 六張網) 어로법'으로 잡는다. 170여 년 역사를 가진 이 어로법은 타원형으로 배치된 소형 어선 6척이 숭어가 다니는 길목에 그물을 넓게 쳐놓고 기다리다가, 숭어 떼가 지나갈 때 일제히 그물을 들어 올려 건져내는 방식이다.

가덕숭어는 다른 어로방식으로 잡는 것보다 숭어의 상처가 적고 스트레스가 덜해 오래도록 싱싱함을 유지한다. 해마다 4월쯤이면 가덕도 대항항을 중심으로 숭어조업이 펼쳐지는데, 많이 잡을 땐 한 번에 3000여 마리 이상 들어 올리기도 한단다. 지금은 그물을 기계로 들어 올려, 전통어로법의 보존을 기대하는 이들에게는 아쉬움이 크다.

숭어는 성장하면서 각기 다른 이름을 갖는데, 이를 두고 '출세어(出世魚)'라 한다. 새로운 세상으로 나설 때마다 이름이 달라지는 것이다. 치어일 때는 '모치', '모쟁이'로, 크기가 작은 숭어는 '댕가리', '동가리', 중치급은 '남방'이라 부른다. 7년 이상 되어 1kg, 70cm 정도 되면 비로소 숭어라 한다. 모치는 뼈회로 먹고, 남방은 회가 부드럽고, 숭어는 씹는 맛이 쫄깃쫄깃하고 고소하다.

가덕숭어를 만나기 위해 가덕도 대항마을을 찾았다. 대항은 숭어들이의 전진기지 격인 항구마을이다. 가덕도 전통의 숭어 요리를 제대로 차려내는 식당을 수소문해 보았다. 가덕횟집 김영옥 여사가 흔쾌히 가덕도 전통 숭어 요리를 한상 차려주기로 했다.

"가덕도 사람들은 봄철에 숭어로 끼니를 때웠어예. 그때는 숭어가 노다지로 있었으니까예. 그래서 숭어찜, 숭어조림, 숭어미역국, 숭어수제비, 숭어구이, 숭어전… 해 먹을 수 있는 음식은 다 해 먹었지예. 숭어를 푹 고면 산모들 조리하는 데도 최고였고예."

그중 바로 요리할 수 있는 음식으로 '생선회'와 '회무침', '숭어구이'에다 '맑은 숭어매운탕' 그리고 '숭어미역국'을 조리해 주겠단다. 조금 있으려니 주방에서 고소한 생선구이 냄새가 진동한다. 숭어를 굽는 모양인데, 그 냄새에 벌써 한입 가득 군침이 돈다.

소금 간을 해 노릇하게 구워진 숭어를 한 젓가락 입에 넣는다. 하얀 숭어 속살 속에서 짭조름한 바닷냄새가 물씬 풍긴다. 가덕 사람들이 입맛 없을 때 먹었다는 숭어구이. 밥에 얹어 먹는다. 고소한 생선살이 입안에서 돌고 또 돈다.

곧이어 숭어회와 회무침이 나온다. 두툼하게 썬 숭어회를 한 점 먹으니, 숭어 한 마리가 입안에서 우당탕탕 튀어 오르듯 육질이 쫄깃하다. 묵은지에 숭어회를 올려 먹는다. 담백한 숭어회와 묵은지의 깊은 맛이 어우러져 입안 가득 알콩달콩하다.

회무침을 깻잎에 싸서 한입 크게 먹어본다. 깻잎 향이 그윽하게 다가오다가 탱글탱글한 숭어회와 만나 들큰하고 구수한 맛이 길게 이어진다. 씹을수록 온갖 채소의 풋풋한 식감이 스쳐 지나간다. 봄채소와 봄 숭어의 환상조합이다.

뒤이어 숭어미역국을 한 술 뜬다. 숭어 한 토막에 직접 채취한 자연산 돌미역을 집 간장으로 간을 했다. 생선국이라 하기에는 비린 맛도 없고 삼삼하고 담담하다. 돌미역의 향 뒤로 숭어의 담백한 육수가 파도가 일듯 찰랑댄다.

가덕도 가덕횟집에서 맛본 숭어 요리 한 상 차림. 숭어회부터
회무침, 숭어미역국, 숭어구이로 푸짐하게 차렸다.

맑은 숭어매운탕은 딴판이다. 생선국의 질편한 맛이 진하게 풍겨 온다. 탕에 들어가는 모든 양념이 숭어와 어우러지며 진하면서도 개운하다. 땡초의 알싸함에 웅숭깊은 시원함 또한 끝 갈 데가 없다.

'숭어음식의 재발견'에 기꺼워하다 보니 어느새 음식은 바닥을 드러낸다. 김 여사에게 '맛있게 잘 먹었다'고 인사하니, 꾸덕꾸덕 말린 숭어를 묵은지에 얹어 쪄 먹는 '숭어찜'과 숭어와 무를 숭덩숭덩 썰어 넣고 조려 먹는 '숭어조림'이 '숭어 요리 중의 일미'라며 다음에 기회가 오면 맛있게 대접하겠단다. 대량으로 어획되고 싸다고 천대받는 생선, 가덕숭어. 그러나 가덕숭어의 여러 요리를 접하고 나면, 근거 없는 편견이 참으로 근거 없음을 새삼 느끼게 된다.

거제 씸벙게(왕밤송이게)

봄이면 거제 밥상에 피어나는 바다 붉은 꽃

봄볕 완연한 날, 진해만 가덕수도 쪽으로 가족 나들이를 다녀왔다. 집안 어른과 함께 낚시를 하던 중 우연찮게 '털게'를 낚아 올렸다. 온몸에 오돌토돌한 가시털이 나 있고 등딱지는 둥글둥글 둥근 오각형으로 생겼다. 주로 진해만과 거제, 통영, 고성, 남해 등지에 분포하고 있다. 이곳 사람 대부분이 털게라 부르는 이 게의 원래 학명은 '왕밤송이게'. 커다란 밤송이를 닮아 지어진 이름이다.

우리나라에는 털게라 불리는 게가 두 종류 있다. 동해를 중심으로 서식하는 '털게'와 주로 남해에 서식하는 '왕밤송이게'다. 둘 다 털게과이면서 몸 전체가 작은 돌기와 털로 덮여 있어 언뜻 봐서는 구분이 잘 안 간다.

자세히 보면 털게는 비교적 크고 등딱지가 아래위로 둥근 편이고 털이 길고 억세다. 왕밤송이게는 털게에 비해 크기가 작고 등딱지가 오각형을 이루며 좀 더 얼룩덜룩한 모습을 띤다.

봄을 알리는 대표적인 갯것 중 하나인 왕밤송이게는 1년에 딱 한 철 초봄에만 잡힌다. 제철 또한 산란 전 3~4월로 이맘때쯤이 가장 맛이 좋다. 본격 조업 시기는 1~3월. 이후 수온이 오르는 6월 전후로 모래밭 속으로 파고들어 가 여름잠을 잔다. 그래서 유독 봄에만 맛볼 수 있는 귀한 어족이기도 하다.

돌이나 펄이 많은 모래 바닥이나, 해조류 군락지 등에 서식하는 것으로 알려져 있는데, 대부분 토막 낸 정어리나 고등어 미끼를 넣은 통발에 걸려든다. 통발에 여러 어종과 함께 혼획(混獲)되는 경우가 많은데, 남해군 일대에서는 게통발로 왕밤송이게를 전문적으로 어획하기도 한다.

원래 왕밤송이게는 거제도 연안에서 대량 서식, 한때 그 어획량 또한 전국에서 가장 많았다. 특히 거제 장목 해안에서 많이 잡혔는데, 한때 그 개체수가 많고 맛이 좋아 거제 사람들이 평소 좋아하던 식재료였다. 그래서인지 거제 사람들은 이 친숙한 왕밤송이게를 거제 토속어로 '씸벙게'라 불렀다. '수염처럼 보송보송하고 꽃처럼 활짝 핀 모양의 게'란 뜻이다. 경남 지역어로 수염을 '씸지', '시~임지'라 부른다. 꽃이 활짝 핀 모습은 '벙글다'라고 표현한다. 이 두 단어를 합친 말이 '씸벙게'라는 것.

그도 그럴 것이 '씸벙게'를 익혀놓으면 꽃처럼 빨간 것이 둥글

왕씸벙게

고 함박하다. 그리고 등딱지 윗부분에 꽃술처럼 생긴 긴 털이 두 가닥 나 있어, 영락없이 잔털 부숭부숭한 꽃송이 같다. 남해 지역에서는 '벙게'라 부르기도 한단다.

거제도에서는 워낙 흔하디흔한 놈이었기에, 장목 유호리 버드레 마을 주민들 말로는 "어린 시절 늘 바다에서 돌을 뒤져 씸벙게와 문어를 잡고 놀다 배가 고프면 고동을 주워 깡통에 구워 먹곤 했다."고 추억한다.

지금은 귀하신 몸이 되어 '봄의 별미'로 몇 마리씩 쪄 먹는 실정이지만, 당시 거제 사람들은 이 '씸벙게'로 봄날 내내 된장국을 끓여 먹었다. 봄철 밥상의 주요 식재료였다는 뜻이다. 씸벙게는 게 향이 진하고 은은한 단 맛이 돌기에, 육수 없이 맹물로 국이나 탕을 끓여도 구수하고 시원한 맛을 낸다.

거제 하청 출신 강정자 씨는 "거제 하청에서는 봄철이면 늘 밥상에 씸벙게 된장국이 빠지지 않고 올라왔다."며 "친정아버님께서도 무척 좋아하셔서 맛있게 드시던 모습이 생각난다."고 말한다.

주산지답게 거제에서는 씸벙게를 제사상에 올리기도 했다. 거제의 특산이면서 조상이 생전에 좋아했던 음식이었기에 당연한 일이다. 그러나 언제부턴가 제사상에도 오르지 못할 만큼 어획량이 급감해 거제 사람들의 아쉬움 또한 크다.

거제도에서 돌아오는 길 중간에 집에서 조리해 먹기 위해 씸벙게(왕밤송이게)를 산다. 진해 용원어시장에도 봄을 맞아 진해만에서 잡은 왕밤송이게가 가게마다 가득하다. 이곳에서는 '털게'

씸벙게를 넣고 팔팔 끓인 된장국은 맛이 깊어서 별도의 육수가 필요 없다.

로 불리는 왕밤송이게를 27번 중도매인 이명훈 씨는 "성질이 온순해서 사람이 건드려도 공격성을 띠지 않는다."라고 설명한다. "집게발도 크지 않고 잘 물지도 않아요. 사람이 건드리면 밤송이처럼 동그랗게 움츠려 자신을 보호합니다." 사람으로 치면 내성적인 성격이라는 것이다.

왕밤송이게를 주방 솔로 빡빡 깨끗하게 씻어준다. 왕밤송이게는 사니질(沙泥質)의 바다 밑바닥에서 서식하기 때문에 몸체를 깨끗하게 씻어내야만 본연의 진하고 깊은 맛을 제대로 느낄 수 있다.

크기가 성인 주먹만 하기에 끓는 찜통에 10여 분 정도만 찌면

되는데, 찔 때는 배가 위로 향하게 뒤집어서 쪄야 한다. 여타 게보다 내장 맛이 질릴 정도로 짙고 고소하기에 장을 소실하면 안 되기 때문이다. 거제 사람들은 '씸벙게는 장맛이 9할'이라 할 정도로 내장의 맛을 일미로 친다. 통영 사람들도 이 왕밤송이게를 즐겨 먹는데, 정월대보름에 게를 짚으로 묶어 살짝 쪄서 먹곤 했단다.

앞서 말했지만 왕밤송이게는 쪄서 먹는 것도 좋지만 된장국으로 끓여놓으면 꽃게탕과 비견될 정도로 그 맛이 뛰어나다. 워낙 풍미가 좋아 국을 끓일 때 육수가 필요 없을 정도다. 토속된장을 풀고 무, 파, 땡초 등을 넣고 자작하게 끓여내면 해장이 될 정도로 그 국물 맛이 일품이다. 왕밤송이게를 일부는 찌고 몇 마리는 된장국에 넣고 끓여낸다. 가족들과 함께 둘러앉아 게 다리를 뜯고 몸통 살을 파 먹는다. 심지어 입에 물고 쪽쪽댄다. 달고 고숩고 진하다. 보글보글 끓여낸 된장국 한 술 뜨는데, 그 웅숭깊은 시원함이 끝 갈 데가 없다. 온 입안으로 봄이 출렁이고, 바닷바람이 살랑댄다.

거제 해역 곳곳에서 대량 서식했으나, 지금은 그 개체수가 적어 비싼 대접을 받고 있는 씸벙게. 그런 중에도 남해권역에서는 왕밤송이게의 서식환경 및 생태연구가 진행되고 있고, 일부 지자체에서는 인공종묘생산의 성공으로 방류사업까지 하고 있다는 소식이다. 얼마지 않아 이 씸벙게로 넉넉하면서도 맛있는 봄날을 맞을 수도 있겠다.

창원시 진동 미더덕

입천장이 데어도 포기할 수 없다

봄이 오면 입안에서부터 '봄의 맛'으로 기억하며 저절로 침이 도는 해산물이 있다. 입안에서 톡톡 터지며 지극한 향긋함을 주는 '미더덕'이 그것이다. 싱그럽고 쌉싸래하면서 짙은 향이 봄나물과 느낌이 흡사해, 바다에서부터 봄소식을 알려주는 대표 식재료로 손꼽히기도 한다.

'미더덕'은 특유의 향과 식감이 좋아 날로 먹거나 찜이나 된장국, 비빔밥, 젓갈 등 다양한 음식에 널리 쓰이는 바다 식재료로, 겨우내 잃어버린 입맛을 살려주는 봄철 건강식으로도 애용되고 있다.

미더덕은 일반적으로 멍게와 맛과 향이 비슷하다고 말들 한다. 그러나 자주 접해보면 멍게보다는 향이 은근하고 상쾌하면서 뒷맛이 달큰하다. 그래서 미더덕은 먹으면 먹을수록 입맛을 당기는 매력을 갖고 있다.

1980년대까지만 해도 미더덕은 양식장 주변의 해적생물로 인식되던 수산물이었다. 생명력이 강하고 번식력이 뛰어난 미더덕은 주변의 다른 양식장 등에 마구잡이로 번식을 하면서 피해를 주는 천덕꾸러기 대접을 받아 왔던 것. 모양도 울퉁불퉁, 쪼글쪼글 볼품이 없고 먹을 것도 별로 없었기에 더욱 그러했다.

그러던 것이 미더덕의 질긴 껍질을 칼로 얇게 벗긴 후 통째로 먹는 방법이 널리 보급되면서 본격적으로 식재료로 활용하기 시작한다. 미더덕의 수요가 크게 늘어나자 창원 마산지역의 어민들은 미더덕 양식을 시작했고, 1999년에 정부로부터 정식 양식 허가가 나 오늘에 이르고 있다.

미더덕을 '바다의 더덕'이라 부르기도 하는데, 그러고 보니 미더덕의 모습이 더덕과 많이 닮았다. 쭈글쭈글 주름진 모습의 껍질과 그 색깔이 비슷하고, 품고 있는 짙고 향긋한 향 또한 독특하면서도 흡사하다. 그래서 미더덕은 '더덕'이라는 이름 앞에 '물'이라는 뜻의 '미'를 붙여 '미더덕'으로 불리고 있다. 그 비슷한 용례의 식재료 중에는 '미나리'가 있다.

미더덕은 우리나라 모든 바다에서 분포하고 있는데, 특히 진해만을 중심으로 남해안에 많이 서식하고 있다. 특히 창원 마산의 대표적인 특산물로 진동 지역은 전국 최대의 미더덕 생산지로 전국 미더덕 생산량의 70% 내외를 양식, 출하하고 있다.

미더덕은 크게 두 종류로 분류된다. '미더덕'과 '오만둥이(주름미더덕)'다. 미더덕은 '진짜'라는 뜻의 '참미더덕'으로, 오만둥이는

'가짜'라는 뜻으로 '돌미더덕', '개미더덕'으로 불린다.

미더덕과 오만둥이(주름 미더덕)

글자 그대로 맛이나 가격면에서도 미더덕이 우위에 있고, 오만둥이는 미더덕의 대체제로 활용되고 있는데, 요즈음 미더덕 품귀현상이 일자 아귀찜, 된장국 등 다양한 요리에 널리 쓰이고 있기도 하다. 그러나 오만둥이는 실제로 미더덕보다 더 일찍 식재료로 기록되고 있다. 『자산어보』에 보면 오만둥이를 '음충(淫蟲)', 속어로 '오만동(五萬童)'이라 적시하고 있는 것. 경상도 말로 '오만 데 다 붙는다'고 '오만둥이', '오만디'라고 부른다는 것이다.

그러거나 말거나 지금은 둘 다 각각의 특징을 가지고 제 역할을 다하고 있다. 미더덕이 봄이 제철이면 오만둥이는 겨울이 제철이고, 미더덕이 풍미가 좋다면 오만둥이는 식감이 앞선다. 둘 모두가 각각의 미더덕으로, 겨울에서 봄으로 이어가며 싱그러운 바다의 맛과 향을 제대로 제공하고 있는 것이다.

앞서 말했지만 창원시 마산 진동은 오래전부터 미더덕이 생산되던 곳이자 현재 전국 미더덕의 70%를 생산하는 곳이다. 때문에 마산, 진동 지역에서는 예로부터 토속음식인 미더덕찜을 세시음식으로도 많이 이용해 왔다.

정월대보름과 2월 초하루, 그리고 풍어제를 지낼 때는 미더덕으로 찜을 해서 마을 사람들이 함께 나누어 먹고 봄을 맞았던 것. 그 풍습은 지금까지도 전해 내려오고 있는데, 그러하기에 미더덕찜은 마산 진동 지방의 대표적인 향토음식으로 자리하고 있다.

미더덕은 다양한 음식의 식재료로 활용되지만 싱싱한 미더덕을 제대로 맛보려면 날로 먹는 것이 좋다. 특유의 쌉쌀하면서도 달큰한 맛과 향을 즐길 수 있는데, 산지인 마산 일대나 통영, 고성 등지에서는 즐겨 먹는 방법 중 하나다.

미더덕회의 짧은 이야기 하나. 통영, 마산, 남해를 드나들며 좋은 사람들과 박주일배 하며 떠돌아다니던 어느 해 봄날이었다. 통영에서 지인과 통음을 한 다음 날 아침, 지인이 갓 채취한 미더덕과 함께 막걸리 한 대접을 슬며시 권하는 것이다. 말인즉슨 해장을 하란 소린데, 막걸리는 그렇다 치더라도 생 미더덕을 안주로 내는 것을 보고 적잖이 의아해했었다.

그의 말로는 미더덕이 텁텁한 입안을 개운하게 가셔주고 속을 시원하고 편안하게 해준다는 것이다. 그 시절 부산에서는 미더덕으로 아귀찜을 해 먹거나 된장국에 몇 알 넣어 먹는 정도였다.

막걸리 한 대접을 시원하게 비우고 탱탱하게 푸른 바다를 머금은 미더덕을 입에 넣고 씹는데, 미더덕이 시원하게 터지면서 입안을 온통 바다내음으로 적셔내는 것이다. 그야말로 개운하면서도 기꺼운 상쾌함이 정점이었다. 그렇게 또다시 막걸리 한 순배가 돌고, 또 한 순배가 돌며 우리는 도끼자루 썩는 신선놀음의 끽음(喫飮)을 하고야 말았던 것이다.

미더덕회무침

미더덕은 특히 아귀찜에는 필수적으로 들어가는 식재료이기도 하다. 아귀의 담박한 맛을 미더덕 특유의 짙은 해감내로 풍성한 풍미를 이끌어내고, 아삭아삭한 콩나물과 어우러지면서 오돌도돌 씹히는 자극적인 식감까지 제공을 한다.

경상도 해안지역에는 된장국에 미더덕을 넣어 먹는 경우도 많다. 미더덕 특유의 진한 향이 구수한 된장국과 잘 어울리면서 멸치나 디포리 육수의 비린내나 감칠맛과도 묘하게 궁합이 맞아 즐기는 것이다. 특히 마산, 고성, 통영 지역에서는 미더덕 철이면 반드시 된장국에 미더덕이 들어간다. 부산에서도 미더덕 된장찌개를 선호하는 가정이 많다.

이 미더덕 된장국은 널리 먹는 지역에서는 별미로 꼽히지만 타지의 사람들에게는 가끔 곤혹스러운 음식이 되기도 한다. 적당히 식은 된장국 속 미더덕을 별생각 없이 입에 넣고 씹다 보면,

미더덕비빔밥

미더덕이 품고 있는 뜨거운 국물로 인해 입안을 데는 경우가 많았기 때문이다.

주산지인 진동에서는 미더덕으로 덮밥이나 비빔밥도 만들어 먹는다. 오이, 무채, 상추 등 채소와 김 가루 등과 함께 생 미더덕을 다져서 밥 위에 올려 쓱쓱 비벼서 먹는 것이다. 고추장이나 초장 등을 쓰지 않고 미더덕으로만 간을 하여 미더덕 젓갈과 함께 먹는다. 겨울을 훌훌 털고 봄철 입맛을 찾는 '바다 것'으로, 미더덕 요리만 한 것도 없을 듯싶다.

남해·삼천포 앵아리

바다에서 건져낸 칼국수 면발(?)

“이놈 이름이 뭡니까?” “앵아리요~” “원래 이름은요?” “앵아리요~!” “실치인가…?” “아니, 그냥 앵아리라니깐요~!” 4월이면 경남 사천시 삼천포 중앙시장 어물전에서 한 생선을 두고 심심찮게 벌어지는 광경이다.

갑오징어, 숭어, 가지메기(농어의 치어), 털게(왕밤송이게), 볼락…. 봄철 수산물이 어물전 고무 대야에 가득 차고 넘치는데, 그 사이에 아주 작고 투명한 생선이 빨간 대야마다 수북하게 담겨 있다. 마치 칼국수를 삶아 받쳐놓은 것 같다.

이 지역 사람들은 이 생선을 ‘앵아리’라 부른다. ‘앵아리’라…. ‘앵아리’로 정보를 얻으려 하니 아무리 찾으려 해도 알 수가 없다. 이 생선의 근거를 찾아 여러 경로를 통해 확인해 보니, 결론적으로 붕장어 자어(치어의 모습을 갖추기 전 유생 형태)임을 알았다.

이 앵아리는 전체적으로 몸이 투명하고 열을 가하면 하얗게 변한다. 체장 5cm 안팎에 칼국수 가락처럼 넓적하고 두께는 얇다. 붕장어 자어를 '버드나무 잎처럼 생긴 유생'이라 하여 '엽상자어', 학명으로 '렙토세팔루스(Leptocephalus)'라 부른다.

현지 어민들의 말을 빌리면 "앵아리는 4, 5월쯤 봄 멸치를 잡기 위해 설치한 정치망이나 권현망, 남해 죽방렴 등에서 멸치와 함께 잡힌다"고 한다. 이 때문에 어민에게는 아주 친숙한 어족이다. 경남 연안의 정치망에서만 해마다 20t 정도 채취되는 것으로 추산되는데, 잡은 앵아리는 초고추장과 버무려 횟감으로 먹고 된장국 등으로 끓여 먹기도 한다. 앵아리는 그동안 거제, 남해, 사천 등 남해 지역 어민이나 지역민들에게는 백어, 사백어, 실치, 병아리 등으로 불리며 "붕장어 치어다, 흰배도라치 치어다" 등으로 의견이 분분했던 어족이기도 하다.

우리나라 연안에서 채취되는 조리용 치어로는 서해 당진지역에서 '실치'로 불리는 '흰배도라치 치어'와 남해, 사천지역에서 '앵아리'라 불리는 '붕장어 유생', 거제지역의 '사백어', 뱅어포를 만들던 하천 유역 '뱅어' 등이 대표적이다.

이들 대부분은 초봄부터 한 달 남짓 기수지역 연안에서 생활하다가 곧 자취를 감추는데, 백어, 뱅어, 실치, 병아리, 사백어 등으로 광범위하게 불리고 있

빨간 대야에 수북하게
담긴 앵아리

다. 모두 살아 있을 때는 투명하고 흰색이라 여러 명칭을 서로 범용하고 있는 것이다.

그중 앵아리는 남해, 삼천포 내만의 강을 낀 기수 지역에 벚꽃이 피고 질 때쯤 채취되는데, 봄철 별미로 초장에 버무려 먹는 회와 회무침, 갖은 봄나물과 함께 끓여 먹는 된장국, 앵아리를 넣은 계란찜 등으로 다양하게 활용된다.

큰 소쿠리에 든 앵아리를 사 들고, 수소문하여 삼천포 중앙시장의 한 식당으로 간다. 앵아리로 여러 가지 음식을 만들어 달라고 하니, 술추렴을 하고 있던 초로의 여인들 가운데 한 명이 앵아리 이야기에 반색한다. 어릴 적 추억이 새록새록 남아 있는 어족이라고 한다.

남해 출신 윤정숙 씨에 따르면 앵아리는 보통 바다와 하천이 만나는 기수 지역에서 잡히는데, 진달래 개나리 피고, 벚꽃 피고 지고 철쭉 필 때까지 잡힌다. 윤 씨는 "어릴 적 봄이면 친구들과 앵아리를 고무신으로 살살 떠서 잡았는데, 그렇게 잡아 온 앵아리로 어머니는 초장에 조물조물 무쳐 무침회를 해주시거나 봄나물 듬뿍 넣고 된장국을 끓여주셨다"고 회상했다.

"시금치, 봄동, 겨울초, 냉이, 민들레…. 봄에 나는 나물이란 나물은 다 캐다가 된장 한 숟가락 뚝 떠놓고 풀어서 국을 끓여 먹었지요. 특히 이맘때는 겨우내 자란 시금치가 웃자라 대가 올라오는데, 이를 대시금치라고 해요. 이걸 손으로 뚝뚝 끊어서 끓여 먹으면 들큰하면서도 구수하고 시원한 것이 참 맛있었지요."

배고프던 시절, 허기를 채우기 위해 먹었던 음식이기에 앵아리를 접하면 가슴 한곳이 아려온다는 윤정숙 씨. 그래서인지 지금은 아무리 좋은 재료로 조리해도 그 시절의 맛이 안 난단다.

"당시 지천으로 나던 앵아리도 한꺼번에 다 먹지는 못했어요. 많은 식구가 함께 먹어야 했으니까 양을 늘려서 먹었죠. 국이나 회무침에도 앵아리는 몇 마리 안 들어가고, 채소만 듬뿍 넣어 먹는 방식이었어요."

국으로 끓여놓으면 시원하기에 집안 어른들의 술국으로도 좋았단다. 특히 숙취가 심한 날 어머니들은 가장들에게 겨울 무를 숭덩숭덩 썰고 앵아리 몇 마리 넣어 '앵아리뭇국'을 팔팔 끓여줬다고.

옆 테이블에서 조용히 이야기를 듣고 있던 한 어부는 "정치망 어장에 물 보러 갔다가 배가 고파지면 그물에서 턴 앵아리를 국수처럼 후루룩 몇 번 집어 먹고는 했는데 그러면 배가 불뚝 일어선다"며 말을 덧붙인다.

곧이어 앵아리 음식이 상에 차려진다. '앵아리회', '앵아리시금칫국', '앵아리계란찜' 등이다. 회나 회무침은 미끄러운 몸체 때문에 나무젓가락으로 국수 먹듯 후루룩후루룩 먹는다. 입안에 넣고 씹으면 보들보들 매끌매끌한 식감이 재미지다. 마치 부드러운 곤약 씹듯 입안에서 살살 돌며 혀를 간질인다. '앵아리회'는 초장에 비벼 한 숟가락 크게 얹어 입에 넣어야 제맛이 난다고 지역 사람들은 거듭 강조한다. 기름장을 조금 쳐서 훌훌 마시듯 먹기도 한단다.

앵아리로 만든 시금칫국과 회무침, 계란찜

'앵아리시금칫국'은 물에 된장을 풀고 대가 올라온 시금치를 넉넉하게 넣어 앵아리와 함께 끓여내는데, 시원하면서도 구수하고, 구수하면서도 담박하다. 시금치도 부드럽게 씹히고 앵아리도 칼국수처럼 살근살근 제 존재를 드러낸다. '앵아리계란찜'도 매끄러운 식감과 고소함이 더해져 잘 어울린다.

일본에서도 이 앵아리를 '노레소레'라 부르며 다양한 음식으로 만들어 먹는데, 스시집이나 해산물 이자까야 등에서 봄철 별미로 즐기는 식재료이다. 주로 애피타이저나 회로 '생강을 가미

한 폰즈 소스'에 찍어 먹거나 '미소된장국'에 몇 마리 넣어 먹기도 한다.

이미 시장은 파하고 밤 또한 깊어가는데, 이 식당에는 여러 사람이 모여 앵아리 이야기로 꽃을 피운다. 술 한 병이 두 병이 되고, 세 병이 되고, 이윽고 열대여섯 병이 될 때까지 이야기는 끝날 줄을 모른다. 20여 년 전 삼천포에서 처음 앵아리를 접한 후, 오랜만에 앵아리 음식으로 '오는 사람 가는 사람' 한 잔씩들 권하는 자리이다. 이번 삼천포 앵아리 탐식 기행은 옛날을 그리워하는 삼천포 사람들의 추억을 모두 불러들이는 기분이다. 타지의 밤이 그렇게 잘 익어가는 봄날이다.

해초밥상

여름 해조류, 푸른 바다의 맛

입맛이 떨어지는 계절 여름의 문턱에 접어들면 몸이 찌뿌드드하고 만사가 귀찮아진다. 이럴 때는 뭔가 싱그럽고, 짭짤하고, 매콤하고… 등등의 것이 당기기 마련이다. 그럴 때 갯가 사람들은 잡어회를 떠 '새콤 달콤 매콤'하게 물회를 만들어 먹거나, 바다의 해조류로 여름 입맛을 다신다.

여름 해조류의 무성한 이파리로는 쌈을 싸 먹고, 식감이 좋은 것은 빡빡 무쳐서 먹고, 향이 좋은 것들은 해초밥을 해 먹고, 시원한 국이나 구수한 된장국에도 넣어 한 뚝배기 끓여내다 보면, 더 이상의 진미 밥상은 없다는 것이다.

특히 한여름에는 녹아 없어지는 해조류가 많기에, 이맘때쯤이 그들을 밥상에 올려놓고 하나하나 곱씹어보는 마지막 시기이기도 하다. 어떤 해조류는 엽체가 두터워져 식감이 나쁘지 않고 특유의 해초향도 그럴듯하다.

몇몇 시장에 들러 갖가지 해조류를 일별해 본다. 잎이 두툼해져 쌈 싸 먹으면 그저 그만인 '돌미역'부터, 이제쯤 엽체가 굵어져 식감이 좋은 '톳', 새콤달콤한 초장에 국수 말듯 비벼 먹으면 개운한 '꼬시래기'까지 그 종류도 다양하다.

기장시장에는 기장해안에서만 채취되는 까막발이(까막살), 진도바리(진두발), 개내이(갯냉이), 서실 등 일반인에게는 생소한 해조류가 소쿠리째 소복소복하게 담겨 손님을 기다리고 있다.

보릿고개 시절 기장 해안마을의 사람들은 갯바위에 지천으로 자라는 해초를 뜯어다 시장기를 속였다. 해초를 보릿가루에 함께 넣어 보리죽을 끓이거나, 밀가루에 함께 넣어 범벅을 해 먹었다. 아니면 밀가루를 묻혀서 찐 털털이 등으로 끼니를 잇곤 했던 것이다. 이러한 해조류들이 지금에 와서는 추억의 음식이나 별미의 음식으로 취급을 받고 있다.

그 대표적인 해초가 '까막발이'다. '까막발이'는 기장사람들이 가끔 별식으로 먹는 '까막발이 털털이'의 식재료. 원 학명은 '까막살'이다. '주름까막살', '가지까막살'과 차별하여 '참까막살'이라 부르기도 한다. 물이 들고 나는 바위에서 주로 자라는 홍조식물이다. 몸체는 뿌리에서 뭉쳐서 나와 덩어리를 이루는데, 꽃송이 같기도 하고 코사지 같기도 하다.

씹어보면 다른 해초보다 질기다 싶을 정도로 꼬들꼬들한 식감이 난다. 주로 밀가루를 묻혀 털털이를 해 먹거나 액젓으로 조물조물 무쳐서 먹는다. 생으로 초고추장에 찍어 먹으면 오독오독한 식감에 상큼함까지 더해, 배 안 부른 술안주로 제격이라는 생각

기장시장의 해초. 톳과 서실

이다. 몇몇 식도락가는 찹쌀 풀을 입혀 튀각으로 만들어 먹기도 한단다.

기장 사람들은 이 까막발이를 대부분 털털이로 해 먹는데, 토박이일수록 '까막발 털털이'에 대한 추억과 향수가 많다. 시장상인들에게 까막발이 털털이에 대해 알아보고 있노라니, 장을 보던 주위 노인들이 "젊은 사람이 우째 까막발이 털털이를 아요? 참 얄구지라~" 하고 놀란다. 그러더니 까막발이에 대한 이야기로 한참 이야기꽃을 피운다.

까막발 털털이는 쑥털털이처럼 까막발이에 밀가루를 골고루 묻혀 찜냄비에 적당히 쪄내기만 하면 된다. 쪄낸 털털이는 양념장이나 초고추장 등 기호에 따라 찍어 먹으면 되는데, 소금 간을 조금 했다면 삼삼하니 그냥 먹어도 괜찮다.

'진도발이'는 '진두발'의 기장 말. 홍조류의 해조로 가죽질이라 식감이 질기다. 까막발이보다 엽체가 넓고 두꺼워 삶아내는 과정이 필요하다. 그러나 기장 사람 중 많은 숫자가 "털털이는 '진도발이 털털이'가 더 쫀득쫀득하고 맛있다"고 한다.

해초를 파는 해초전 할머니도 그 말에 고개를 끄덕이면서도 "나는 까막발이와 진도발이 둘 다 섞은 털털이가 좋더라"며 둘을 섞으면 쫀득거리는 식감도 강하고 해초의 풍미도 훨씬 진해 좋단다.

"모친, 이건 까시리하고 조금 다른 것 같은데 뭔가요?" "이거는 '서모까시리'라꼬, 오돌오돌해서 초장에 찍어 묵어도 되고, 젓국에 무치 묵어도 된다. 쫌 주께 함 묵어 바라." 톳밥 하려고 톳을 조금 샀는데, 톳의 양만큼 서모까시리와 서실을 덤으로 안긴다. 나중에 알아보니 서모까시리는 '풀가시리'의 일종으로 '세모가사리'라는 해조류였다.

해초무침

그 옆에는 오랜만에 개내이(갯냉이)가 보인다. 반가운 마음에 "개내이가 통 안 보이더마는 오늘은 있네." 하고 혼자소리를 하니 "개내이를 아는교?" 하고 아낙이 묻는다. "예. 몰(모자반) 종류 아닙니까?" "맞심니더. 모두 '몰'이라 카는데, 몰하고는 조금 다릅니더. 개내이는 방울(기포)이 좀 작아예." "요새 잘 안 보이던데요?" "예. 개내이는 해녀가 뜯는다 아입니꺼. 이 개내이는 우리 언니가 죽성에서 뜯은 깁니더." "언니가 해녀세요?" "예. '진경자'라꼬 죽성에서는 큰 해녀 아인교."

까막발이 털털이

해녀들이 동암마을, 죽성마을 등에서 채취한 까막발이, 서모까시리, 개내이, 서실 등으로 여름 해초밥상을 차린다. 까막발이로는 '까막발이 털털이'와 '까막발이 무침'을, 톳으로는 '톳밥'을, 서모까시리와 서실은 액젓에 조물조물 무쳐냈다. 그리고 각각의 해조류를 생으로도 먹어보기 위해 여러 가지 양념장을 준비했다.

우선 톳밥을 푼다. 향기로운 해초향이 은근하다. 갈조류의 짙은 갈색이 밥에 배여 먹음직스럽다. 한술 뜬다. 쌀밥의 담백하고 고소한 맛에 은은한 해초 냄새가 살짝 받쳐줘 밥맛을 더한다. 다육질의 톳이 입안 여기저기서 아삭아삭 씹히면서 식감 또한 흥미롭다.

멸치액젓에 버무린 서모까시리를 맛본다. 풀가사리 종류이기에 손질할 때까지는 풀기가 있어 미끈대던데, 무쳐놓으니 꼬독꼬독 씹히면서 똑 부러지는 식감이다. 한 젓가락 크게 입에 넣고 우물거리니 입안에서 오돌도돌 난리가 났다. 젓갈 덕에 짭조름하면서도 구수한 맛 또한 일품이다. 서실무침도 한입 입에 넣어본다. 강한 갯내음이 바닷바람처럼 밀려온다. 멸치액젓과 잘 어우러지며 시원한 바닷가에서 밥상을 받는 기분이다. 가슬가슬한 식감은 대체로 부드러우면서도 혀에 착착 감긴다.

이들을 초고추장에 찍어 먹어보니, 이 또한 새콤달콤하니 입맛을 확 되돌린다. 서실은 부드러우면서도 향기롭고, 서모까시리는 달콤하면서도 오독오독대는 맛이 여간 재미난 것이 아니다.

톳밥에 참기름 두어 방울 떨어뜨린 후 양념장으로 비벼 먹는다. 아삭거리는 톳과 참기름의 고소함, 알싸한 땡초가 서로 합일하여 맛의 정점을 찍는다. 조미 김에 싸 먹으니 이 또한 걸작이다.

요즘 많은 이들이 부산 지역 해초에 대해 관심이 많아졌다. 건강에 좋은 식재료이기도 하지만, 지역에서 생산되는 해초로 향토음식을 직접 만들어 먹자는 취지가 크다. 몇몇 유관단체가 관심을 가지고 있는 것 또한 고무적인 일이다. 더 나아가 해초의 연구와 산업화에도 눈을 돌려야 할 시기이다.

기장 까시리

기장 아지매의 수고로움을 먹다

철썩~ 철썩~ 파도가 갯바위를 부드럽게 쓸고 내려간 자리, 그곳에는 결 고운 융단 같은 붉은 이끼가 햇볕을 받아 반짝인다. 그러고 보니 주변 바위마다 붉은 이끼가 넓게 군집을 이루고 있다. 기장군 동암, 죽성, 이동, 칠암 등 해안가에서 일부 서식하는 '풀가사리'다. 기장은 청정 바다에서만 자라는 해조류가 많다. 속 훤히 비치는 얕은 수심에도 실타래 같은 다양한 물풀이 물결 따라 일렁이고, 갯바위마다 녹조류, 갈조류, 홍조류 등 해초가 서로 이웃하여 살아간다.

까시리(풀가사리), 까막살이(까막살), 진도바리(진두발), 개내이(갯냉이)…. 부산 사람도 듣도 보도 못한 해조류가 기장의 해안가에는 지천이다. 그중 모든 음식에 고명처럼, 또는 메인 요리재료로 다양하게 활용되는 식재료가 있으니, 바로 '까시리'이다.

'까시리'는 '풀가사리'의 기장지역 말이다. '풀가사리'는 돌가사리목 풀가사리과 홍조류 해초다. '참풀가사리, 불등풀가사리, 애기풀가사리' 등속이 있다. 그중 기장에는 '참풀가사리'가 주로 서식하는데 '불등풀가사리'도 제법 채취된다. '참풀가사리'는 식감이 오돌오돌하고 가슬가슬하면서 은은한 풀내음이 나는 싱그러운 해초이다. '불등풀가사리'는 다 자라면 속이 비어 입안에서 톡톡 터지는 것이 재미있는 식감을 가졌다. 물에 넣고 끓이면 몽글몽글 풀처럼 걸쭉해지는 성질이 있다.

식감이 가슬가슬하다고 '가사리'라 칭한다는데, 경상도에서는 '까실까실하다'고 '까시리'라 한다. 경남 통영에서는 다양한 국에 넣어 먹고, 전라도 해안마을에서는 '새미'라 하여 파래 등속과 말려 자반으로 먹는다. '세모가사리'라 하는 곳도 있다. '가는 털'과 닮았다고 '세모(細毛)'라 부르는 것이다.

까시리는 아직 양식도 안 되고 다른 해초보다 개체도 적어 소량 채취할 수밖에 없다. 그것도 사람이 직접 전복 껍데기나 주전자 뚜껑 같은 것으로 바위 위를 빡빡 긁어 채취하기에 손이 보통 많이 가는 것이 아니다. 특히 동지에서 이듬해 설날까지 채취한 '생까시리'가 가장 맛있기에, 추운 겨울 파도 찰박이는 바위에서 채취한다. 주로 노년의 여인들이 채취하므로 많은 위험이 따르는, 그래서 더욱 귀하고 감사한 식재료이다.

그러므로 생까시리를 사기도 쉽지 않고 값도 다른 해조류보다 비싸다. 파래와 까시리가 섞인 '건까시리'는 건어물상 등에서 가끔 볼 수 있어도, 갓 채취한 '생까시리'는 부산에서는 기장시장에서만 설날 이전 한 달여 동안만 소량 볼 수 있다.

이 '까시리'는 생으로도 먹고, 국으로도 먹고, 무치기도 하고, 볶기도 하며, 전으로 굽기도 하거니와 비빔밥처럼 비벼도 먹고, 각종 음식에 고명처럼 얹어 먹을 수도 있는, 말 그대로 '해조류의 감초'다.

겨울 한 달여만 맛볼 수 있는 신선한 생까시리를 사기 위해 기장시장을 찾았다. 마침 기장시장 입구 노점상에 할머니 한 분이 까시리를 판다. 요즘 까시리와 앙장구알(말똥성게)을 파신단다. 노점 앞에 쪼그리고 앉아 말을 붙인다. "어무이 이 까시리 어디서 뜯었는교?" "기장 용궁사 알제? 그게 동암마을이 있거든. 그서 뜯었다 아이가?" "아이고~ 추블낀데." "와 아이라~ 매끌매끌한 깜장돌에 까시리가 나이 미끄럽기 하고 파도 치는 데서 뜯을라카이 춥기도 하고… 보통 일이 아이다." 연세를 여쭈니 여든넷이란다. "연세도 많은데 추블 때는 뜯지 말지예." "아이다~ 이기 동짓달부터 설까지가 제일 맛나다 아이가. 설 지나면 세서 맛이 없다꼬." "그래예?" "그래, 요때가 제일 안 맛있나."

"이거 어떻게 해 먹으면 맛있어예?" "끓는 물에 살짝 데치면 포로무리해지거든. 그때 껀지가꼬, 소금, 참기름, 마늘 넣고 조물조물 무치 무우도 좋고, 김치 송송 썰어서 국끼리도 좋고, 된장 풀어가 된장국에 넣어 무우도 좋지." "어

까시리

무이, 한 대접만 주이소~!"

냄새를 맡는다. 풋풋한 봄 바다에 선 느낌이다. 한겨울에 봄 냄새가 폴폴 난다. 물이끼 같은 풀가사리 한 입 집어 먹어 본다. 입 속에서 짭조름한 파도가 넘실거리고 가슬가슬 푸새의 새싹을 씹는 느낌이다. 향긋한 해감내가 물씬물씬 풍겨 온다. 해운대 미포 출신 조의홍 시인(전 부산시인협회장)의 도움으로 수영동 자택에서 까시리로 만든 음식으로 점심상을 받았다. 조 시인은 까시리를 "늘 배고팠던 유년시절부터 먹어왔던 음식"이라며 "결혼한 뒤로 과음한 다음 날 해장국으로 걸쭉한 까시리국을 즐겨 끓여 먹었다"고 전한다.

밥상에는 '까시리떡국', '까시리무침', '까시리국'이 몰(모자반) 무침과 생굴젓, 미역초무침과 함께 올라와 맛깔스러우면서도 정갈하다. 향토식재료인 까시리를 좋아하는 남편 덕에 아내 이안자 씨는 평생을 이 까시리 음식을 만들어 왔단다. 우선 '까시리무침' 한 젓가락 입에 넣고 씹어본다. 아~ 상큼하다. 팔팔 끓는 물에 까시리를 살짝 데쳐 간장, 마늘, 참기름 등속을 넣고 조물조물 무쳐 주면 완성. 간장 대신 액젓을 쓰면 개운한 맛을 즐길 수 있다.

'까시리국' 국물 한술 뜬다. 일반 맑은 국과 달리 걸쭉한 국물이 서서히 몸속으로 퍼져 내려가며 속을 도포하듯 쓰다듬는다. 몇 술 더 뜨니, 쓰린 속을 다독다독~ 시원하고 편안하게 달래주는데, 속이 화~악 풀리는 것이다. "이거 좋은데요?" 조 시인이 싱긋 웃으며 "그렇지? 해장하는 데 '까시리국'만 한 것도 없지." 토종된장을 묽게 풀고 소금 간을 하여 까시리와 함께 끓여낸다. 오래 끓일수록 점도가 높아지며 걸쭉해진다.

속을 환하게 풀고 나서 '까시리떡국'을 먹는다. 멸치육수에 떡국떡 넣고 달걀 푼 '떡국'에 '까시리 한 움큼' 넣었을 뿐인데, 향기로운 해초냄새가 은은하게 퍼진다. 쫀득쫀득 떡국에 가슬가슬한 까시리가 입속에서 사이좋게 어울리고, 국물은 구수하면서도 상큼하다.

'까시리'의 다양한 요리를 알았기에, 집에서 응용요리를 해보았다. '까시리밥'과 '까시리김치국밥', '까시리계란찜'이다. '까시

까시리를 넣어 만든 계란찜과 까시리밥

리김치국밥'은 걸쭉한 김칫국 느낌인데, 부드럽게 넘어가고 먹을수록 속이 편안해진다. 잘게 썬 김치조각과 까시리가 사각사각, 오돌오돌 씹히고, 밥알에 국물이 잘 배여 입에 착착 감긴다. '까시리밥'과 '까시리계란찜'은 뜸이 들 때 까시리를 넣었는데, 특유의 해초냄새가 물씬 나다가 먹을 때쯤 향은 가시고 고들고들한 식감만 남았다. 다른 해초와 함께 '해초비빔밥'을 해 먹으면 해초향의 풍성함에 식감 또한 더해져 화룡점정(畵龍點睛)을 찍겠다.

기장의 해안마을 사람들은, 보릿고개 시절 갯바위에 지천으로 나는 해초를 뜯어다, 쌀 대신 보리죽을 끓이거나 밀가루로 범벅을 해 먹거나, 아니면 밀가루를 묻혀 찐 털털이 등으로 끼니를 이어갔다. 특히 부산에서는 기장지역이 다양한 해조류로 시장기를 해결했는데, 이 음식들이 현재 '기장 향토음식'으로 내려오고 있다. 그러나 기장의 도시화로 인해 그나마도 점점 잊혀져 아쉬움이 크다.

'매집찜', '까막살 털털이', '미역설치', '몰설치', '까실이국', '톳밥'…. 다양한 기장의 해조류 음식이 부쩍 그리워지는 요즘이다.

서낙동강 수조기

수조기 짝 찾는 울음소리

예부터 우리 민족이 귀하게 여기고 즐겨 찾던 국가대표 생선을 꼽으라면 단연 '조기'일 것이다. 여름철 '기력을 돕는다' 하여 '조기(助氣)'라고도 부르는 고급 어종으로, 임금의 수라상 정중앙을 차지할 정도로 사랑받았던 '인기 진상품'이기도 했다. 특히 우리네 밥상 중 최고의 반열인 '굴비밥상'의 굴비는 바다의 충만함을 잔뜩 머금었기에, 여름철 입맛 없을 때 두고두고 꺼내 먹는 귀한 음식으로 존중받았다. 살이 연하고 맛이 좋아 구워 먹고, 지져 먹고, 찜 해 먹고 탕으로, 젓갈로, 회로, 다양하게 사랑받아 온 어종이다.

조기는 농어목 민어과의 어종으로 참조기, 수조기, 보구치(백조기) 등이 있다. 참조기는 서해 칠산 앞바다와 연평도 부근에서 주로 잡히고, 수조기는 부산, 목포, 인천 등 서남해 지역에서, 보구치는 남해에서 주로 잡힌다.

이렇게 귀하고 사랑받는 조기류가 부산에서도 잡힌다고 하면 의아해할 사람이 꽤 있을 것이다. 그것도 부산 먼 바다가 아닌 서낙동강 하구 인근 유역에서 떼를 지어 서식하고, 어획량 또한 쏠쏠하다면 말이다.

수조기가 낙동강으로 오르는 이유는 산란을 위해서다. 해마다 6~8월이면 산란을 위해 낙동강 하구로 올라오는데, 보통 가덕도 동쪽 해역과 진우도 인근, 다대포 앞바다 등 서낙동강 하류 유역이다.

수조기는 참조기처럼 몸이 연한 회갈색이고 배는 노란색을 띤다. 그러나 몸 전체에 흑갈색 점이 퍼져 있어 여느 조기와는 구별이 용이하다. 일명 반어(斑魚)라 부르기도 하는데, 몸 전체에 퍼져 있는 얼룩점 때문에 그렇게 부르는 듯하다.

수심 20~80m의 갯벌이나 모래 지역 바닥에 떼를 지어 서식하는데, 3년이면 30cm 안팎 크기로 자라고 최대 50cm까지 성장하는 중형 어종이다. 부서, 부세조기, 민어조기 등으로 불리기도 한다.

수조기는 조기류 중에서도 그 크기가 크고 맛도 좋아 인기가 높다. 40~50cm 정도의 큰놈들은 한 상자당 20~30여만 원을 호가하며 제사상에 오를 정도로 귀한 대접을 받기도 한다. 때문에 추석 명절을 앞둔 즈음이면 소형 어선이나 낚시 어선들이 서낙동강 하구에 집중적으로 모여들어 수조기를 잡는 데 열을 올린다.

수조기는 처음에 서낙동강 서쪽 진우도 부근으로 들어왔다가 장마 이후에 동쪽 다대포 쪽으로 이동하는데, 진우도 인근이나 서낙동강 하류 쪽은 그물 칠 장소가 협소해 낚시로 잡고 다대포 앞 해상서는 그물을 설치해서 잡는다.

수조기는 야행성 어족으로 밤에만 어획이 가능하기에, 서낙동강 하류에는 고기잡이배들이 밤을 새워 불을 밝히고 수조기를 잡는다. 때문에 서낙동강 유역 해상에는 아닌 밤중에 어화(漁火), 고기잡이 불빛들이 화려한 꽃을 피우는 것이다.

그러나 수조기가 낙동강 주변으로 회유한 것은 얼마 되지 않은 일이라 한다. 명지 사람 정동일 씨는 이렇게 설명한다. "수조구(수조기)가 서낙동강에 보이기 시작한 거는 강을 막고 난 뒤부터입미더. 우리 어릴 때는 숭어, 전어, 꼬시래기를 잡았지, 수조구는 없었어예. 하구언이 들어서고 난 뒤 물길이 바뀌어서 그런지 수조구가 잡히기 시작하데예."

가끔씩 수조기 잡이에 따라나선다는 정 씨의 체험담을 조금 더 들어보자. "한 틀에 45m짜리 조기그물 네 틀을 이어서 그물을 치는데, 초저녁 해가 있을 때 쳐서 1~2시간마다 그물을 들어 올려 수조구를 잡습미더. 그렇게 새벽까지 10번 정도 그물을 올리는데, 물때가 좋을 때는 조과가 괜찮습미더." 특히 수조기가 유난히 많이 우는 날이면 조과가 더 좋다고.

초여름 수조기가 서낙동강으로 올라오면 밤마다 '뽁뽁' 수조기 우는 소리가 들린다. 민어와 보구치처럼 몸속 공기주머니인 '부레'로 개구리 울음소리, 닭 우는 소리 등을 내는 것인데 산란을 위해 짝을 찾는 소리라고들 한다.

지인의 식당에서 수조기로 밥상을 받는다. 전날 잡아서 싱싱한 수조기로 구이와 조림, 매운탕 등을 상에 올렸다. 우선 팔팔 끓는 '수조기매운탕'을 맛본다. 국물이 들큰하다. 살이 달아서 감칠맛도 좋다. 매운 고춧가루 때문인지 칼칼하기도 하다. 부드러우면서도 적당하게 씹히는 살의 식감도 괜찮다.

소주 한 잔에 매운탕 한 숟갈 뜨니 진하고 얼큰한 것이 술안주로 그만이다. 두어 숟갈 뜨니 점점 시원해지며 속이 환해진다. 가끔씩 방아 향이 살짝 풍기며 입맛을 자극한다. 국물이 졸아들 때쯤 육수를 넉넉하게 부어 다시 끓이니, 이 또한 삼삼하고 담백해서 좋다. 해장하듯이 계속해서 떠먹게 된다.

'수조기구이'는 노릇노릇하게 구워 고소한 냄새가 진동한다. 껍질과 함께 한 젓가락 집어보니 껍질은 바삭하면서도 고소하고 속살은 부드럽고 담담하다. 이 두 가지 맛깔이 어우러지며 생선구이의 조화로움이 흔쾌하다.

소금 간이 짭조름하여 밥과 함께하니 굴비 맛도 난다. 짭짤하면서도 끝 간 데 없는 구수함 또한 일품이다. 여름철 밥맛 없을 때 소금 간 한 수조기구이에, 밥 한술 찬물에 푹푹 말아 먹어도 제맛이겠다.

'수조기찜'은 냄비에 무를 깔고 그 위에 수조기를 올린 다음, 진간장과 고추장, 고춧가루 등으로 만든 양념과 함께 센 불에 한소끔 끓인 후, 다시 은근한 불에 조려낸다. 한입 꼬집으니 진한 양념에 생선조림의 강렬한 입맛이 입안을 돈다.

방아와 곁들여 입에 넣으니 풍부한 방아 향이 상큼하게 입을 가셔준다. 무를 한 조각 베어 무니 무의 시원함과 수조기 국물이 진하게 배어 있다. 밥과 함께 먹으면 다른 반찬이 필요가 없을 정

수조기와 수조기 밥상

도다. 조림 한 점 함께하니 짭조름함과 고소한 맛, 향긋한 맛이 진한 국물과 담백한 밥알 등과 어울리며 알콩달콩해진다. 식어도 비린내가 없어 술안주로도 그저 그만이다.

잡는 즉시 생선회로도 먹기 좋은데, 살이 부드럽고 달아 남녀노소 모두 편하게 즐길 수 있다. 초장이나 고추냉이, 된장 등 다양한 소스로 즐길 수도 있어 부담 없는 회이기도 하다. 그러나 장마철 이후라 달고 쫀득한 '수조기회'는 아쉽게도 맛을 볼 수 없었다.

"요즘 시우(時雨, 장맛비)가 내리가꼬 조구(조기)살에 뻘내가 납니더. 그래서 시우 내릴 때는 회는 잘 안 먹지예."

산란철이면 서낙동강을 중심으로 부산으로 돌아오는 수조기. 밤마다 제 짝을 찾는 수조기들의 울음소리로 서낙동강은 밤을 맞이하고 새벽을 깨운다. 살이 부드럽고 담백하여 낙동강 유역의 사람들에게 사랑받는 생선. 귀하디귀한 조기 대신 제상에도 놓였고, 갯가 사람들의 제철음식으로 환대를 받았던 착한 생선. 요즘은 그 개체 수가 예전만 못하다니, 수조기를 먹는 내내 괜히 마음 한쪽이 무겁다.

서낙동강 하구 갯벌조개

밥상 위에 조개꽃이 피었습니다

서낙동강 하구. 물길이 완만하고 부드럽다. 썰물 때가 되면 많은 사람이 조개잡이를 위해 서낙동강 갯벌로 모여든다. 다양한 갯벌 조개가 먹을 만큼 잡힌다는 소문 때문이다. 하여 휴일마다 이곳은 조개를 캐는 수많은 사람들로 일대 장관을 이룬다.

가족이나 젊은 연인들이 단란한 한때를 보내기 위해 찾기도 하고, 생업 삼아 본격적인 조개 채취를 위해 찾기도 한다. 늙은 부부 몇몇도 보이는데, 남편은 허리에 고무대야를 묶어서 끌고 부인은 호미로 조개를 캐 대야에 담는다. 낙동강에 기대 살고 있는 이들은 이 조개를 채취하여 하루 2~3만 원 정도의 용돈 벌이를 하는 것이다.

낙동강 근처에 사는 지인의 도움으로 서낙동강 하구 갯벌에서 조개잡이를 직접 체험해 보았다. 간편한 옷차림에 호미와 맛살(맛조개 잡는 도구. 길이 50cm가량의 철사 끝을 화살촉처럼 뾰족하게 만들어 놓았다), 조개 담을 망 등을 준비했다.

오후 4시쯤 되었을까? 찰랑찰랑하던 강 하구가 빠른 속도로 강바닥을 드러내며 갯벌이 열리기 시작한다. 물때는 13물. 밀물과 썰물의 차이가 별로 없고 물살이 부드러운 시기이다. 순식간에 갯벌로 변한 강으로 사람들이 걸어 들어가 조개를 캐기 시작한다.

두어 시간 조개를 채취해 보니, 여름 서낙동강 갯벌에는 보기보다 많은 조개가 서식하고 있었다. 반짝반짝 까맣게 윤이 나는 '낙동강 재첩'부터 굵직한 크기를 자랑하는 '가무락조개', 대나무처럼 길쭉한 '맛조개', 뭉툭하면서도 주둥이가 툭 튀어나온 '띠조개', 납작하게 생긴 '빛조개' 등이 주류를 이루고 있었다.

특히 맛조개는 갯벌에 깊은 숨구멍을 뚫고 수직으로 서서 서식하기에 명지동 입구 철물점에서 직접 제작한 '맛살'을 조심스

부산 서낙동강 하구 갯벌에서 시민들이 조개를 캐고 있다. 서낙동강 갯벌에는 재첩, 가무락조개, 맛조개, 띠조개, 빛조개 등 다양한 종류의 조개를 잡을 수 있다.

레 구멍에 밀어 넣고 조개를 찍어 잡는데, 그 개체 수가 많아 잡는 재미가 아주 쏠쏠했다.

가무락조개는 강폭의 중간지역쯤에 다량 서식하고 있었는데, 물풀이 자라는 갯벌 아래를 10cm 깊이로 파헤치면 채취할 수 있다. 5cm 정도의 크기라 손 하나 가득 들어오는 웅숭깊음이 넉넉하다.

한참 조개를 채취하다 보니 조개 담는 망이 제법 묵직하다. 주위를 둘러보니 강폭 맨 중앙지역에 서 있는데, 어느새 밀물이 강으로 흘러들어 오고 있다. 멀리서 "물 들어오요! 빨리 나오소!" 가족을 부르는 사내의 목소리가 우렁우렁 들린다.

"이 조개들은 하루나 이틀 정도 해감 해야 됩미더. 모래톱보다 뻘이 많아서 몇 시간 해감 해가꼬는 택도 없심미더." 지인의 말이다. 해감을 한 조개는 조개탕을 해 먹거나 된장국에 넣어도 먹고, 가무락조개 등은 수육으로 먹어도 맛있다고 전한다.

전 세계적으로 2만여 종이나 되는 다양한 종류의 조개류. 우리나라에서도 민물이나 바다에 250여 종 가까이 서식하고 있다. 낙동강 하구에도 많은 조개들이 서식하고 있는데, 주로 갈미조개와 재첩, 맛, 개맛, 가무락, 백합, 띠조개, 빛조개 등이 대표적이다.

서낙동강에는 요즘 맛조개와 가무락조개, 재첩 등이 주로 채취되고 있다. 특히 명지 사람들이 '모시조개'라고 부르는 '가무락'은 5~7cm 크기여서 수육으로 먹기 좋고, '참맛'으로 불리는 '맛'은 단맛이 도는 데다 국물 또한 좋아서 국거리로 널리 사랑을 받는다.

채취한 조개들을 해감시키며 찬찬히 일별해 본다. 우선 제일 많이 채취한 가무락조개. '가무락'은 물의 흐름이 완만한 내만이나 연안 근처의 진흙 개펄 속에 주로 서식한다. 전체적으로 동그랗게 생겼으며 껍데기는 검은 회갈색 또는 보랏빛으로 가장자리로 갈수록 흰색을 띤다. 지역적으로 모시조개, 까무락, 까막조개 등으로도 부르는데, 조개 특유의 냄새가 적고 맛이 깔끔하고 부드러워 다양한 요리에 쓰인다. 껍질째 익혀 국이나 찜으로 요리하거나, 껍질을 벗겨내어 튀김이나 조림 등으로도 이용한다. 특히 국이나 탕을 끓였을 때 시원한 맛을 내는 데다, 간장 보호에도 좋아 숙취 해소용으로 많이 쓰인다.

'맛'은 죽합과에 속하는 조개로, 맛, 개맛, 대맛, 가리맛, 북방맛, 왜맛, 붉은맛, 비단가리맛 등 다양한 종류가 있다. 살은 달고 쫄깃하면서 맛이 좋아 식용하는데 국물 또한 시원해 조갯국의 재료로 널리 쓰인다. 전체적으로는 갈색을 띠며 대나무처럼 가늘고 긴 원통형으로 생겼다. 썰물 때 숨구멍을 찾아 맛소금 등을 뿌리면 길쭉한 속살이 구멍 입구로 튀어나오는데, 이때 조개를 잡는다. 낙동강 유역에는 철사를 화살 모양으로 만든 '맛살' 등의 도구를 이용해 잡는다. 낙동강 사람들이 한때 이 맛으로 자녀들 학용품이나 입을 거리를 사주던, 쏠쏠한 용돈벌이용 식재료이다.

'띠조개'는 모래진흙 또는 진흙모래 바닥에 깊이 약 20cm 전후로 서식하는 5cm 크기의 조개다. 몸피는 황갈색에서부터 흑갈색으로 다양하다. 입이 커서 패각이 완전히 닫혀도 입이 밖으로 나와 있다. 8월 한 달 동안 잡힌다고 하는데, 육질이 쫄깃해 씹는

낙동강 하구 갯벌에서 채취한 다양한 종류의 조개들

맛이 있다. 껍질이 얇아서 쉽게 부서지기에 갯벌 철새들에게도 주요한 먹이 자원이 된다고.

'빛조개'는 진흙모래가 발달한 곳에서 주로 서식하는 5cm 전후 크기의 조개다. 낙동강 사람들은 조개 두께가 얇고 납작해 '납딱조개'라 부르기도 한다. 껍질은 적갈색 또는 황갈색이다. 그러나 건조 시에는 쉽게 벗겨지는 특징을 가진다. 무쳐서 먹기도 하지만 주로 낚시 미끼용으로 일본에 수출하기 위해 채취한다.

서낙동강에서 채취해 온 여러 조개로 오랜만에 온 가족이 둘러앉아 조개 파티를 했다. 시원한 조개탕부터 달큰하고 쫄깃한 조개 수육, 구수하고 짭조름한 조개된장국까지, 낙동강이 주는 조개를 까 먹는 재미는 마치 자연에게 받는 선물처럼 기껍고 흥미로운 경험이었다.

요즘 낙동강 수문을 열기 위한 논의를 한다거나, 모래톱 등 하구지역의 환경을 생각하는 시각이 부쩍 커지는 시점이다. 아직 서낙동강의 생태조차 완전 복원되지 않은 상황이지만, 조개 채취로 인해 이곳의 식생이 힘들지만 뿌리내리고 있음을 쉬 알 수가 있었다. 때문에 서낙동강 하구 갯벌의 '조개채취 체험'이, 시민들의 관심을 '낙동강'으로 끌어오는 계기가 될 수 있을 것도 같다. 다만 직업 삼아 마구잡이식 대량 채취행위는 삼가고, 어린 치패 보호 등에도 신경을 써야 하겠다.

금게

백사장에서 만난 여름 밥도둑

저물녘 백사장을 거닐다 보면 몇몇 강태공이 낚싯대를 드리우고 있는 것을 본다. 자세히 들여다보면, 낚싯바늘에 지렁이나 새우 등의 미끼를 끼우는 일반 채비와는 조금 다르다. 낚싯줄 끝에 줄이 얼기설기 엉킨 것 같은 그물망과 양파주머니 같은 것이 매달려 있다. 일명 '게 낚시' 채비이다. 이들은 밤에 먹이활동을 위해 백사장 연안으로 오르는 '금게'를 대상으로 낚시를 하고 있는 것이다.

'금게'는 연안의 모래 속에서 서식하기에 일명 '모래게'라고도 불린다. 동해 남부, 남해 및 제주도에 분포하며, 수심 15m 내외 맑은 물의 모래 바닥에서 대량 서식한다. 주로 모래 속 조개류 등을 먹잇감으로 하며, 갑각의 등껍질은 연갈색으로 매끈하며 광택이 난다. 그 위에 팥죽색의 작은 점들이 촘촘하게 박혀 있다.

주로 연안에서 통발로 잡는데 부산에서도 그 개체 수가 적지 않아, 여름철이면 부산 전역에서 어획되는 어족이다. 그도 그럴 것이 부산 동쪽의 기장 월내항에서부터 해운대, 광안리 해역을 거쳐 서쪽의 사하 하단포에 이르기까지 분포하기에, 모래밭을 중심으로 어렵지 않게 잡을 수가 있다.

금게는 그 맛이 담박해 육수로 끓여놓으면 시원한 맛이 일품이다. 이 때문에 주로 된장을 풀어 된장국을 끓이거나, 껍질이 얇고 부드러워 튀기거나 구우면 바삭바삭 통째로 먹을 수 있다. 개체수가 많아 가격 대비 부담 없는 식재료이기도 하다. 금게는 주로 통발로 어획하는데, 몸체가 작은 놈들은 백사장 근처에까지 올라오므로 '게 낚시'로도 충분히 마릿수 조과(釣果)를 볼 수가 있다. '게 그물' 채비는 '그물망'과 미끼를 넣는 '미끼주머니'로 구성되어 있다.

미끼주머니에 고등어 대가리 등속을 넣고 바다 멀리 던져놓으면, 금게가 미끼를 먹기 위해 다가왔다가 실타래 같은 그물망에 발이 걸려 잡혀드는 것이다. 특히 고등어는 비린내가 강해서 게를 유인하는 데에는 최고의 미끼로 활용된다.

'금게낚시'는 금게가 주로 밤에 해안으로 올라와 먹이 활동을 하므로 밤에 낚시를 한다. 때문에 '밤 마실' 삼아 바다에 게 낚시 채비를 던져놓고, 좋은 사람들과 도란도란 이야기꽃을 피우거나 소주 한 잔 기울이다 보면, 어느새 낚싯대마다 금게가 주렁주렁 밤송이 열리듯 잡혀 올라오는 것이다.

한 번에 두세 마리씩 올라오다 보니 잡는 재미가 여간 쏠쏠한 게 아니다. 게 그물에 걸린 놈들을 실타래 풀듯 살살 끄집어내면, 제법 실하게 버둥거리는 놈들이 두 손 꽉 차게 들어오는 것이다.

껍질째 먹을 수 있는 금게 튀김은 고소함이 일품이며 금게찜은 꽉 찬 살을 빨아 먹는 재미가 있다.

어둠이 깊은 그믐밤 즈음이 특히 조과가 좋다.

낚시터에서 잡은 금게는 잡는 즉시 몇 마리씩 숯불에 얹어 구워 먹으면 대단한 별미이다. 살아 있는 싱싱한 금게를 숯불에 잘 구우면, 껍질이 바삭바삭한 스낵과자처럼 고소하고 짭조름하여, 맥주 안주로 그 이상 가는 게 없다. 재래시장에서 금게 십여 마리를 산다. 잘 손질한 금게를 보니 그 크기가 손바닥에 가득 찰 만큼 실하고 오지다. 이놈들로 '금게된장국', '금게찜', '금게튀김', '금게라면' 등을 만들어 볼 요량이다.

우선 모친이 직접 담근 토속 된장국을 풀어 '금게된장국'을 끓인다. 금게 큰 놈 두어 마리에 대파, 양파, 호박 등속을 넣고 바글바글 충분히 끓인다. 국물을 한 숟갈 떠먹어 본다. 구수하고 짭짤함이 끝이 없다. 진하면서도 시원해 밥과 함께 곁들여 먹어도 좋겠고, 된장을 묽게 풀어 끓이면 해장국으로도 손색이 없겠다.

된장의 짜고 들큼한 맛과 금게의 짙은 육즙이 만나 달콤하고 짭짤한 맛이, 민물과 바닷물이 만나는 기수지역의 풍성한 생태계를 연상케 한다. 거기에 매운 땡초 하나 들어가 마지막 맛의 정점을 찍는다. 왜 금게로 만든 음식의 첫 번째가 '금게된장국'인지 비로소 알겠다.

금게 한 조각 입에 문다. 촉촉하게 배인 육즙이 후드득 떨어진다. 살이 촉촉하면서도 부드럽고, 간간하니 간이 배여 입에서 느끼는 흔쾌함이 여간 아니다. '금게찜'도 맛을 본다. 찜은 씨알이 굵은 놈으로 골라 쪘는데, 그 크기가 꽃게만 하다. 등껍질을 벗기니 노란 알과 살이 꽉꽉 들어차 있어 꽃게, 홍게와 비교해도 뒤지지 않겠다. 알은 질릴 정도로 고소한 맛을 내고, 살은 입속에서 은근하게 감칠맛을 풍긴다.

금게 하나 입에 물고 쪽쪽 빨아본다. 금게 속에 스며든 육즙이 울컥울컥 쏟아진다. 살을 발겨 한입 충분히 입에 머금으니 그 감미로움이 웅숭깊다. 담박하면서도 기분 좋은 풍미가 입안에서 내내 출렁인다.

'금게튀김'도 한입 베어 문다. '아사삭~' 잘 튀겨져 씹히는 소리가 아주 경쾌하다. 마치 조기를 바싹하게 구워 먹는 느낌이다. 금게는 등껍질과 아가미를 제거하고 다리를 정리한 후 2~4등분하여 기름에 튀기는데, 두 차례에 걸쳐 튀기면 더욱 고소하고 바삭한 식감을 즐길 수가 있다.

'자글자글' 금게 튀겨내는 소리가 명랑하다. 마치 더운 여름 낮, 대지를 적셔주는 소낙비 소리 같다. 고소한 냄새가 주위 사람들의 식감을 끊임없이 자극한다. 바싹바싹한 식감 속에 고소함과 해산물의 짙은 바다향이 서로 잘 어우러진다. 껍질과 함께 통째 우적우적 씹어 먹으니 이 또한 괜찮다.

먹고 남은 게 다리를 모조리 넣고 라면을 끓인다. 금게를 찌면서 나온 육수도 함께 넣고 진하게 끓인다. 보글보글 끓을 때 땡초도 넉넉하게 썰어 넣는다. 매운

해물육수 진한
별미, 금게라면

냄새가 코끝을 강렬하게 자극한다. 꼬들꼬들한 라면 면발을 후루룩 들이켠다. 음~! 진한 해물육수가 쫄깃한 면발에 배여 탱탱하다. 씹을 때마다 해산물 특유의 풍미가 풍성하게 터져 나온다. 국물 한 사발 크게 들이켠다. 궁극의 구수함과 시원함이 물밀듯 밀려온다.

게 특유의 기분 좋은 비린내와 홍어애탕에서나 풍길 만한 콤콤함도 중년의 이들에게는 아주 흡족한 '신의 한 수'이다. 후루룩 후루룩 여러 차례에 걸쳐 국물을 깨끗이 비운다. 속이 환하게 풀리면서 여느 신선놀음 또한 부럽지가 않다.

몸체가 부드러워서 튀겨놓으면 껍질째 바로 씹어 먹을 수 있는 '키토산의 보고(寶庫)' 금게. 여름이 가기 전 이 금게의 다양한 요리로, 마지막 여름철 넉넉한 만찬을 즐겨보는 것은 어떨까?

을숙도 밀기

낙동강 사람들 여름 입맛 돋우는 짭조름함

낙동강 하구에 사는 지인들이 점심을 먹자고 해 낙동강을 건넌다. 을숙도를 지나 약속 장소의 식당에 들어서니 '봄철 낙동강 별미 음식'들이 떡 하니 한 상 차려져 있다. 면면을 보니 봄철 낙동강 인근에서 잡히는 식재료가 총동원되었다.

'개맛'으로 끓여내어 진하고 시원한 맛이 일품인 '개맛탕'과 밥에다 쓱쓱 비벼 먹으면 최고의 입맛을 제공하는 '갱갱이젓' 그리고 무더운 여름 한 철 짭조름하고 개운하게 입맛 살려주는 '밀기젓갈' 등이 그것이다.

그중 밀기젓갈은 봄철에 젓갈을 담아 여름 내내 먹을 수 있는, 낙동강 사람들의 여름나기용 저장음식이다. 강 하구 갈대밭에 서식하는 게의 한 종류인 '밀기'를 염장한 것으로, 부산에서는 을숙도가 주 서식지이다. 을숙도를 중심으로 낙동강 갯벌에는 여러 종류의 게들이 서식하는데, 지금은 거의 사라져버린 낙동강 '참게'를 비롯하여 방게, 농게, 도둑게, 말똥게, 엽낭게, 칠게 등이 그들이다.

이 가운데 봄철 '밀기젓갈'을 담아내는 밀기가 바로 바위겟과의 '방게'이다. 이 방게를 낙동강 사람들은 '밀기'라 하는데, 몸집에 비해 집게다리가 적당히 크고 통통하니 오지다. 그래서 젓갈로 먹을 때 잘 익은 집게다리가 '오도독'거려 식감도 좋고 구수해 맛이 좋다.

'방게'는 등딱지의 길이와 폭이 2.5~3.5cm 정도이고, 어두운 청록색을 띤다. 해변에서 가까운 강 하구 모래에 땅을 파고 사는데, 갈대밭 주변으로 많이 서식한다. 부산에도 을숙도를 중심으로 다량 서식하고 있다. 5~7월에 산란한다. 밀기는 겨우내 땅속 깊이 숨어 있다가 '깔촉(갈대 순)'이 올라오는 봄에 집에서 기어 나온다. 그들의 주 먹이가 '갈대 순'이기 때문이다. 특히 여름에는 캄캄한 밤에 무리지어 나와 먹이 활동을 하는데, 한때 횃불을 들고 갈대밭을 뒤지면 갈대를 타고 오르는 밀기 행렬을 쉬 볼 수가 있었다고 한다.

보릿고개 시절, 이 '밀기젓갈'은 낙동강 사람들의 주 수입원이었다. 당시 그들은 지천이던 밀기로 젓갈을 담아 낙동강 상류의 마을을 돌아다니며 판매했다. 밀기젓갈을 팔아 봄철 가족의 끼니를 연명했던 것이다. 밀기젓갈 상인들은 낙동강 따라 뱃길로 밀기젓갈 팔러 가는 것을 '웃녘 간다'고 했다. 항아리에 가득 담긴 밀기젓갈을 돛배에 싣고, 낙동강을 거슬러 삼랑진 지나 밀양 수산, 명례, 오산, 유동 등 여러 마을을 돌아다니며 밀기젓갈을 팔

낙동강 을숙도 일대에서 나는 '특산물' 밀기(방게)로 담근 밀기젓갈. 도톰한 밀기가 오도독 씹히면서 짭조름한 맛을 낸다.

았다.

'웃녘'으로 올라갈수록 밀기젓갈은 귀하게 소용되기에 그 이문도 컸다. 그래서 '웃녘'에서 밀기젓갈은 부잣집에서만 먹을 수 있던 음식이었다. 때문에 젓갈상인들은 해마다 단골 부잣집부터 먼저 들렀는데, 그때마다 밀기젓갈을 손꼽아 기다리던 주인 내외의 큰 환대를 받았다고 한다. 영진수산 김천열 대표는 "내 나이 여섯, 일곱 살 때 어무이랑 아부지가 밀기젓갈 장사를 했심니더. 풍석배(돛배)에 밀기젓갈을 싣고 낙동강 포구마을마다 '께 사이소, 께 사이소' 외치며 다라이(대야)의 밀기를 팔곤 했었지예."라고 회상했다.

보리가 익을 때인 '보리누름' 철에 올라가 한 달여 밀기젓갈을 팔았는데, 대금은 갓 수확한 보리쌀로 받아 양식을 장만했다. 당시 밀기젓갈 작은 종지 하나에 겉보리 세 되를 받고 팔았다 하니, 보릿고개 때의 밀기는 한 가족을 먹여 살리는 '참 고마운 식재료'였다. 이렇게 팔려나간 '밀기젓갈'은 주인 가족의 귀한 밑반찬이었을 뿐 아니라 집안일을 맡아 하던 일꾼들에게도 특별식이었다. 큰 일꾼은 밥 한 끼에 밀기젓갈 두 마리. 작은 머슴은 한 마리를 반찬으로 줬다고.

밀기젓갈은 짜면서도 짙고 구수한 맛 때문에 명지 사람들에게는 '게 다리 한 개에 밥 한 숟갈', '게젓 한 마리에 밥 한 공기'라는 말이 있을 정도로 밥상에 없어서는 안 될 찬이기도 했다. 특히 작은 밀기가 맛있고, 알을 밴 암게가 더 월등히 맛있단다. 밀기젓갈은 주로 봄에 담가 여름에 먹는 음식이다.

그 때문에 봄철에 밀기를 잡는데, 예전에는 을숙도 인근 모래밭에 산재한 '게 구멍'을 삽으로 크게 떠서 잡았다. 대여섯 삽을 떠야 겨우 한 마리 잡을 수 있었다. 그랬기에 보릿고개 때 밀기 잡으러 가면 삽질조차 하기 힘들었다고 한다. 그 정도로 밀기는 노동 집약의 식재료였다.

밀기젓갈을 담그려면 우선 염장을 해야 한다. 항아리에 그날 잡은 밀기를 넣고 소금을 넉넉하게 끼얹는다. 그리고 다음 날 잡은 밀기를 그 위에 얹고 재차 소금을 끼얹는다. 이런 방식으로 하루 5~7kg의 밀기를 계속 염장한다. 그렇게 염장한 밀기는 한 달 뒤쯤부터 먹을 수 있는데, 2~3년 동안 먹을 수가 있다.

이렇게 만든 밀기젓갈은 꽁보리밥에 변변한 반찬 하나 없어도 두어 마리면 밥 한 공기 금세 비우는 밥도둑으로 변신하는 것이다. 도시락에도 밀기젓갈 대여섯 마리 반찬으로 싸 가기도 했다는데, 밥 위에 얹어 가기에 밥 먹을 때 짭조름하고 고소한 맛이 입맛을 크게 돋웠다고. 밀기젓갈이 제대로 맛이 들었는지는 다리를 보면 안단다. "통통한 게다리가 몸에 딱 붙어 있어야 맛이 든 겁니다. 다리를 딱 붙이고 있으면 '참 잘 익었다.' 그러지요." 명지 사람 이성만 씨의 말이다. 특히 게장 국물이 맛있는데, 보리밥을 밀기젓갈 국물에 쿡 찍어 먹으면, 간간하면서도 고소한 맛에 그냥 밥이 넘어갔다.

낙동강 봄철 별미밥상. 개맛탕(중앙), 윗줄 두 번째부터 갱갱이젓, 밀기젓갈

낙동강 사람들은 이 밀기젓갈 국물을 집집마다 가정상비약으로도 활용했다. 2~3년 정도 묵은 밀기젓갈 국물은 배 아플 때 특효였다. 배 아플 때 한 종지 떠먹으면 씻은 듯이 나았단다. 위약효과도 있겠지만 소금이 위 진정효과가 있으니 아주 없는 말은 아닌 듯싶다.

명지 동리항에 가면 밀기 잡이 어부 두어 명이 밀기를 잡는다. 낙동강 하구에서 밀기 잡이를 하는데, 주로 먹이 활동이 왕성한 산란기 즈음의 전후이다. 삭힌 고등어 토막을 넣은 통발을 여러 개 강 하구에 던져두면, 고등어 미끼를 먹기 위해 밀기가 바글바글 통발로 모여든다. 그러나 이도 개체수가 줄어 봄철에 한해 겨우 명맥을 잇고 있는 실정이다.

이제는 낙동강 하구 사람들만 별식으로 귀하게 먹는 밀기젓갈. 이마저도 사라져가는 추세라 마음이 무겁다. 모래톱을 자유자재로 기어다니던 시절의 밀기가 더욱 그리워지는 요즘이다.

통영 욕지도 고등어

욕지 앞바다는 고등어를 키운다

잔잔한 바다 위로 선외기가 물살을 가른다. 하늘도 푸르고 바다 또한 푸르다. 모든 어족을 먹여 키우는 어미의 자궁 같은 곳, 욕지 앞바다. 고등어 양식업을 하는 비봉수산 전재석 대표의 가두리 양식장으로 향하는 뱃길이다.

굉음을 지르며 질주하는 배에 몸을 맡긴 지 몇 분. 일군의 가두리양식장들이 보인다. 욕지면 동항리 한정 9호 어장. 전 대표의 양식장에 도착하니 개들이 낯선 이들을 반긴다. 가두리마다 참돔, 대방어, 고등어 등이 양식되고 있었다. 고등어 가두리에 선다. 사람의 인적에 고등어 떼가 푸른 물비늘을 일으키며 푸드덕 힘찬 꼬리 짓을 한다. 역동적인 유영이다.

"한때 욕지도에서의 고등어는 우리 곁에 당연히 두던 '양식과도 같은 존재'였습니다." 전 대표의 말이다. 욕지도에서 고등어는 '바다의 양식'이었다. 집마다 부엌 아궁이 옆에는 뒤주처럼 작은 '고등어간독'이 있었고, 그 간독에는 '간고등어'가 식구들 밥상의 음식이 되길 기다리고 있었다. 그만큼 욕지도 앞바다는 고등어를 비롯해 수많은 어족으로 넘쳐나던 풍요로운 해역이었다. "옛날에 40cm 안 되는 놈들은 고등어로도 안 쳤어. 작은놈들은 밭에 비료로 줬을 정도니까." 욕지도에서 마지막 간독을 두고 있는 제명수 할머니의 말이다.

그러던 고등어가 요즘 시쳇말로 씨가 말랐다. 일제강점기부터 시작된 대량어획과 남획이 주원인으로 꼽힌다. 급기야 우리나라는 국민 생선 고등어를 수입하는 고등어수입국으로 전락하고야 말았다. 북유럽, 일본 등에서 국내 소비량 상당 부분을 수입하고 있는 실정이다. 하지만 최근 반가운 소식이 들린다. 우리나라 고등어의 대표산지 욕지도에서, 새로운 고등어 관련 수산업이 자리를 잡고 있다. '잡는 고등어'가 아닌 '기르는 고등어' 어업이 그것.

고등어를 직접 길러 활고등어 상태의 횟감으로 생산하고 있다. 그 중심에 전 대표도 한몫하고 있다. 아버지 전상열 씨가 35년 전 시작한 고등어 양식업을 이어받아, 2대째 운영하는 전 대표. 현재 한 해 4~5만 마리 정도의 활고등어를 생산하고 있단다. 전 대표의 활고등어는 부산 송도고등어축제를 비롯해 제주도, 서울 등지에 공급되고 있다. 고등어 치어 또한 제주도 등지에 양식용으로 공급하기에, 욕지도는 명실공히 고등어양식의 메카라 할 수 있겠다.

"한때 바다에 나가 미끼를 뿌리면 새까맣게 고등어 치어들이 몰려들었습니다. 이때 그물을 던져 고등어를 잡는데, 그물질 대여섯 번이면 양식용 치어를 잡고도 남을 정도였습니다." 이제는

욕지도 앞바다 고등어 양식장 전경

꿈같은 일이지만 당시에는 별일 아니듯 바다에 어족이 넘쳐났다는 것이 전 대표의 설명이다.

고등어 양식은 20cm(200g) 정도 되는 뼘치 치어를 직접 잡거나, 정치망 어부에게 양식용 치어를 사, 한 가두리에 2만 마리 정도 입식하여 기른다. "320g 정도 크면 출하하는데, 입식 후 3~4개월 정도 키웁니다. 주로 여름에 입식해서 초겨울까지 먹여 출하합니다. 7월에 잡아 10월쯤에 파는 것이 기본입니다." 전 대표의 말이다. 양식한 고등어는 산 채로 전국의 횟집으로 팔려나간다. 전국 활고등어 전문 횟집의 고등어는 대부분이 욕지도산이라고 보면 된다. 육지에 가까워 유통비용이 적게 들고 수송 시간이 짧아서 신선하면서도 고기 스트레스가 적은 것이 강점이라고.

“주로 5t 트럭에 500마리 정도를 담아 유통하는데, 절반은 서울로 갑니다. 반은 지방에 풀고 나머지는 서울로 가는 거죠. 한창 때는 하루에도 몇 차례씩 물차가 대기해 있을 정도로 인기가 높았습니다.” 선창에서 만난 이철수 욕지도 동제자율어업공동체 위원장의 말이다.

욕지 고등어는 한때 마리당 도매가가 7000원에서 1만 원 했던 호시절도 있었다. 때문에 활고등어는 kg으로 금을 매기는 게 아니라 마리당 카운터로 세어서 계산했단다.

그러면 이 욕지 고등어를 누가 먼저 양식하기 시작했을까? 몇몇 언론에는 ‘원형 내파성 가두리’ 양식장을 욕지도에 처음 도입한 어부 홍순진 씨가 최초라고 한다. 이에 “누가 최초라고 콕 집어서 얘기할 수 없다. 고등어양식은 욕지 사람들의 오랜 양식 노하우로 오늘에 이르렀고 다수의 욕지 어민들이 자연발생적으로 시도했기에 그렇다”고 이 위원장은 말한다.

한정 9호 어장에만 10여 양식장이 오래전부터 여유분의 가두리에 고등어양식을 하고 있는데, 2002년 일본으로 활고등어 수출, 2005년에는 서울 등 대도시에 횟감으로 선보이기 시작했단다.

전 대표의 고등어양식장에서 나와 욕지항으로 다시 돌아온다. 스무여 남짓 되는 횟집이 해안 도롯가에 자리를 잡고 있다. 모두가 수족관에 한 무리의 활고등어를 채워두고 있다. 일반 생선회 값으로 활고등어회를 제공하고 있는 것이다. 선창가로 줄지어 있는 해물 포장마차도 마찬가지다. 온 동네가 활고등어를 수조에 두고 육지 손님을 맞이하고 있다.

선창가의 '봉이 포장마차'에 자리를 잡는다. 욕지도에서 유명한 욕지할매바리스타 카페 앞에 자리하고 있다. 이곳은 전 대표의 부모가 운영하는 해물포차. 회칼 몇 번에 펄떡이던 고등어가 싱싱한 회 한 접시로 탈바꿈한다. 아직도 살결이 푸들푸들하고 차갑도록 푸르스름하다. 회 한 점 입에 넣는다. 부드러우면서도 탄실탄실하다. 쫀득한 식감을 주다가도 혀 속으로 스며드는 진한 감칠맛으로 씹을수록 고소한 맛이 차오른다. 고등어회는 찍어 먹는 양념장이 중요하다. 등 푸른 붉은 살 생선은 자칫하면 특유의 비린내가 날 수도 있기 때문이다. 그 때문에 다른 생선회와 달리 고등어회와 함께 하는 양념 소스는 아주 다양하다. 그래서 각각의 횟집마다 고추냉이, 초간장, 생강, 어간장, 초고추장… 등 저마다의 다양한 양념 소스를 낸다. 모두가 독특한 맛을 조화롭게 풀어내기에 고등어회를 맛있게 즐길 수가 있다.

일제강점기 전후부터 여

고등어회

바로 잡아 회로 장만해 주는 활고등어회 한 상

름과 가을을 지나며 '고등어 파시'로 불야성을 이루던 욕지도. 광복 후에도 이어지던 고등어 파시는 1970년대를 기점으로 서서히 막을 내린다. 그러나 이제 활고등어 양식으로 욕지도는 옛 명성을 이어가기 위해 부활의 기지개를 켜고 있다.

'고등어의 도시, 부산'에서도 좀체 먹어보기 힘든 활고등어회. 부산서 세 시간 남짓이면 가닿는 욕지도에서, 싱싱한 고등어회 한 접시로 푸르른 '생명의 바다' 한 점 찍어 먹어 보는 여유도 괜찮을 듯싶다.

통영 볼락

청마가 사랑한 '토영'의 소울푸드

고장마다 그 고장 사람들의 사랑을 독차지하는 식재료나 음식이 있다. 통영의 '볼락'이 그 대표적인 예라 하겠다. 통영 사람들에게 '볼락'은 현재진행형의 '추억의 음식', '어머니의 음식'이라 할 수가 있다. 통영에 있든 통영을 떠났든 통영 사람에게는 늘 친근하면서도 그리운 음식이 볼락 음식이다.

통영 사람들은 볼락을 '뽈래이', '뽈락', '뽈라구' 등으로 부르며, 볼락에 대한 남다른 애정을 과시하곤 한다. 활어든 선어든, 왕볼락이든 젓볼락이든, 가리지 않는다. 다양한 볼락 음식이 발달할 수밖에 없는 곳이 통영이다.

통영시외버스터미널이 무전동에 있을 무렵, 터미널 주위 식당에서 다양한 통영 음식을 맛볼 수 있었다. 그중 어느 집도 빠지지 않고 차려내던 음식이 볼락 음식이었다. 특히 엄지손가락만 한 볼락 새끼를 석쇠에 가지런히 얹고 연탄불에 은근하게 구워낸 '젓볼락구이'는 통영의 대표적인 음식이었다. 아니, 그들 말로 '토영'의 대표 음식 '토영젓볼락구이'인 것이다. 저녁 무렵 젓볼락이 구워지는 구수한 냄새와 모락모락 피어오르는 연기는 통영의 술꾼을 죄다 모으는 데 일조했다.

시인인 차영한 한빛문학관장은 말한다. "청마 유치환, 하보 장응두 등 당대의 시인들은 '볼락구이'가 안주로 나오지 않으면 술을 안 먹을 정도로 볼락을 사랑했어요. 하보 선생은 술집에 볼락구이가 없으면 도로 나올 정도였습니다. 그만큼 볼락은 통영을 대표하는 생선이었지요." 한때 통영 앞바다에서 가두리 양식을 했던 김보한 시인은 이렇게 설명한다. "볼락은 통영 근해에서 계절 없이 흔하게 잡히던 어류였습니다. 맛이 좋아 일제강점기에는 싼값에 일본으로 반출된 수탈 어종이기도 했지요. 특히 잔가지를 잘 발라 먹는 통영 사람들의 습성이, 작으면서도 살이 넉넉한 볼락구이에 반영되었다고 볼 수 있습니다."

볼락은 해저 동굴이나 암초지대에 서식하면서 야밤에 수초 사이로 떼를 지어 먹이활동을 하는 어종이다. 배 속에 알을 슬었다가 새끼를 낳는 난태생 어종으로 크기는 평균 15~25cm 정도이다. 경남 해안 지역에서 흔히 보는 어종이라 경남 도어(道魚)로 지정되어 있다.

볼락은 그 색깔에 따라 이름도 달리한다. 어부들이 붙여준 이름으로, 체색이 검은빛을 띤 것은 '먹볼락', 푸른빛을 띠면 '청볼락', 배쪽에 금색이 도는 놈은 '금볼락', 약간 노란 빛을 내는 것은 '황볼락'이다.

통영 볼락의 진미를 맛보게 해주는 볼락구이이다. ⓒ이상희

크기에 따라서도 이름과 먹는 방법이 달라진다. 손바닥보다 작은 10cm 안팎은 젓갈을 담는 크기라 해서 '젓볼락', 손바닥만 한 크기는 '중볼락', 한 뼘 넘는 크기는 '왕볼락'이라 한다. 크기에 따라 볼락구이, 생선회, 볼락젓갈, 볼락매운탕, 볼락김치 등으로 조리해 먹는다.

'젓볼락'은 이름대로 소금 넉넉하게 넣고 젓갈을 담거나, 연탄불 석쇠에 구워 통째로 아작아작 씹어 먹는 '젓볼락구이'로 먹는다. 머리, 내장 등만 제거하고 회로 먹는 '볼락통회'도 별미다. 손바닥만 한 '중볼락'은 배를 가르지 않고 소금을 철철 뿌려 '볼락소금구이'를 하는데, 내장이 별미 중 별미다. 무를 나박하게 썰어 '볼락김치'를 담그고, 뼈째 썰어서 '볼락뼈회'로도 먹는다. 한 뼘이 넘는 '왕볼락'은 매운 고춧가루를 넣고 팔팔 끓여낸 '볼락매운탕'으로 먹으면 제격이다.

이렇듯 치어에서 성체에 이르기까지 다양하게 활용되기에, 제각각 만들어 먹는 음식이나 장만하는 방식 또한 독특하게 발전한 것이 통영의 볼락 음식이다. 그중 볼락구이는 볼락의 진미를 느낄 수 있는 최고의 음식이다. '타닥타닥' 익는 소리가 마치 통영 바다에 비가 듣는 듯하다. 머리부터 통째 씹어 먹으면 짭쪼름하면서도 구수한 맛이 어두일미다. 살은 고슬고슬 쫀득하다. 볼락 내장의 고소함은 그 깊이를 알 수 없을 정도로 근사하다.

겨울에 담아 먹는 볼락김치는 통영 사람들이 맹목적이라 할 정도로 좋아하는 토속음식이다. 새콤하면서도 아삭하고, 시원하면서도 구수하다. 감칠맛 또한 여운이 길고도 길다.

볼락김치는 수산물과 함께 담근 '섞박지 김치'의 종류로, 부산의 '갈치섞박지', 제주의 '자리섞박지', 완도의 '전복섞박지' 등이 대표적이다. 김장을 할 때 무를 큼지막하게 썰어서 중치의 볼락을

볼락김치

생으로 넣거나 소금에 절인 후 함께 넣고 버무려 김치를 담근다.

통영 서호시장의 볼락김치 명인인 서씨상회 나복희 여사에게 볼락김치에 대해 물었다. "볼락김치는 김장 무가 맛있는 겨울철 설 전후가 가장 맛있어요. 한 번 담글 때 볼락 200kg 정도를 담그는데, 많이 담가야 깊은 맛이 더해져요. 볼락을 통째로 무와 함께 담그죠. 젓국은 갈치젓국을 사용해야 김치가 구수하면서도 시원해져요." 서 여사는 "볼락은 두어 달 삭히고, 무는 일주일쯤 삭히면 맛이 든다. 볼락을 먼저 삭혀 김치를 담는 것이 좋다"고 한다. 볼락의 크고 검은 눈이 백태가 낀 것처럼 하얗게 변했을 때가 볼락김치가 잘 익어 가장 맛있을 때라고도 귀띔해준다.

사진가인 이상희 통영음식 전문가는 이렇게 설명한다. "볼락김치는 겨울부터 정월대보름까지 먹는 통영의 별미 김치다. 내륙분들은 김치에 생선이 통째 들어가니 깜짝 놀라기도 하지요. 그러나 생선이 통째로 들어감으로써 젖산발효가 되어 톡 쏘는 김치와 함께 부드럽게 연화된 볼락을 통째 먹을 수 있게 되지요. 이 두 가지 식재료가 합일해서 김치를 더욱 감칠맛 나고 깊은 맛을 내게 합니다."

볼락은 통영 바다의 짭조름한 향기가 물씬 묻어나는 어족이다. 그러하기에 통영 사람들의 볼락 음식에 대한 애정은 태생적이라 할 수 있다. 고향을 떠난 이에게는 '고향의 맛'으로, 통영에 사는 사람들에게는 '어머니의 맛'으로 귀결되는 음식. 통영 사람들의 정체성을 일깨우고, 어릴 적 추억을 부르는 맛이 통영의 볼락 음식이다.

4

소울푸드, 싱그러운 산과 들의 식탁

김해 산딸기

유년 시절 붉게 물들였던 빨간 맛의 추억

봄이 깊어가면 산에 인접한 본가 어른 밭둑에서, 산딸기 몇 그루가 붉고 탐스러운 열매를 달고 있는 것을 본다. 산으로 들로 뛰어다니던 천둥벌거숭이 시절, 입 주위를 빨갛게 물들이며 단내가 나도록 산딸기를 따 먹었던 기억이 새삼스레 났다.

개인적으로 산딸기의 강렬한 기억은 통영 '대매물도'에서였다. 당시 잡지사 기자로 한려수도 특집 기사를 취재 중이었는데, 당시 대매물도는 온 산이 빨갛게 불이 붙은 듯 산딸기로 뒤덮여 있었다. 올라가며 내려오며 기껍게도 따 먹었는데, 내려왔던 길을 되돌아보니 아직도 온 산이 빨갛게 산딸기 물이 들어 있는 게 아닌가?

중년층은 이런 산딸기의 빨간 추억이 한둘쯤은 있을 게다. 주로 배고픈 어린 시절, 보릿고개를 넘기며 따 먹었던 산딸기의 새콤달콤함이겠다. 먹을 것이 별로 없어 구황작물로 끼니를 잇던 보릿고개에는, 빨갛게 잘 익은 산딸기가 최고의 군것질거리였다.

김해 상동면 비탈진 산딸기밭에서 한 아낙이 산딸기를 한가득 따서 들어 보이고 있다.

산딸기는 볕이 좋은 산간지역 어디에서나 볼 수 있는 장미목 장미과 산딸기속 식물이다. 우리나라에는 30여 종의 산딸기속이 분포하고 있다. 4~6월에 꽃이 피고 5~7월에 항아리(盆) 모양인 열매를 맺는다. 종류로는 산딸기·줄딸기·멍석딸기·곰딸기·오엽딸기·섬딸기·장딸기·수리딸기·겨울딸기·복분자 등이 있다. 주로 붉은색을 띠지만 검정·노랑·주황색을 띠기도 한다. 산딸기는 영양소가 풍부하고 당과 산이 적절히 함유돼 동서고금으로 즐겨 먹던 식재료였다. 맛이 좋아 생과를 그대로 먹거나 잼·주스 등으로 만들어 먹는다. 요즘은 가공기술이 발달해 식초·와인·차로 만들어 먹고, 볶은 커피에 산딸기액을 함께 넣고 발효해 풍미 좋은 산딸기커피 또한 만들어 먹는다.

요즘은 농가의 봄철 주 소득원으로도 주목을 받고 있다. 주로 김해, 대구, 포항, 양산, 진주 등 경상지역에서 그 재배가 이뤄지고 있다. 그중 김해가 전국의 60% 이상을 생산하고 있다. 한때 75%까지 생산한 적이 있는데, 전국적으로 수요가 늘면서 재배지역 또한 늘어났다.

김해는 예부터 벼농사를 중심으로 원예와 시설채소 등이 발달한 곡창지대였다. 산딸기는 모내기철, 일을 잠시 쉴 때 한 톨씩 따 먹던 주전부리 과실이었다. 그러다 1960년대 김해 상동면의 한 농부가 자생하던 산딸기를 판매 목적으로 재배하기 시작한 것이 오늘날 국내 상업적 재배의 시초가 되었다. 주로 낙동강을 낀 신어산·무척산 등 비교적 골이 깊고 산세가 좋은 산간에서 대규모로 재배하고 있다. 지역적으로는 상동·대동면 일대다. 김해시농업기술센터에서 근무하는 김승욱 씨는 "현재 김해 산딸기는 2007년부터 김해시의 새로운 성장전략 작목으로 발굴, 지역을 대표하는 소득 작물로 육성하고 있다"며 "현재 생산농가 800호에 재배규모 200ha, 연간 생산량 약 1000t으로 전국 최고의 산딸기 산지로 자리 잡았다"고 설명한다.

김해 산딸기 품종은 '홍딸(자생 산딸기 품종)', '흑딸(색이 검붉은 품종)', '왕딸(과육이 큰 품종)' 등이 있다. 현재 널리 재배되고 있는 품종은 '왕딸'이다. 1994년 상동면 매리 산딸기밭 언덕 외진 곳에서 우연히 발견해 대량 번식시킨 품종으로 재래종보다 과실이 크고 향이 더 좋다.

왕딸 품종 육종자인 한현우 농부는 "왕딸 품종으로 우리 산딸기 농가 소득이 늘고 김해 산딸기가 다른 지역보다 우수하다고 자부하게 된 것이 가장 큰 보람"이라고 말한다.

김해 상동면 산자락에서 산딸기를 재배·가공하고 있는 최석용 씨를 만나러 가는 길 장척계곡에는 산딸기가 지천이다. 유월 따가운 햇볕 아래에서 바야흐로 붉게 자지러지고 있다. 야산이나 밭, 계곡이나 집 안뜰, 심지어 길가에도 붉은 열매를 매달고 흐드러졌다.

최 씨에게 산딸기 재배지에 대해 물었다. "산딸기는 물 빠짐이 좋고 유기물이 풍부한 토질과 풍부한 일조량, 배수와 통기성이 좋은 곳이어야 한다. 뿌리가 토양의 5cm 정도로 비교적 얕게 착근하기 때문이다." 그의 말에 따르면 김해 낙동강변에 인접한 산자락이 천혜의 조건을 갖춘 재배지란 것을 알 수가 있다.

비탈진 산딸기밭에 들어선다. 중천에 뜬 해가 따갑게 내리쬔다. 이즈음 볕에는 따고 돌아서면 바로 익는 것이 산딸기라던가? 산딸기를 수확하는 아낙들의 손길이 재바르다. 아침 8시부터 오

김해 산딸기밭에서 산딸기를 따고 있는 아낙

후 5시까지 뜨거운 뙤약볕 아래에서 작업하는데, 머리끝에서 발끝까지 중무장을 했다.

경북 김천 출신이라는 한 아낙은 "산딸기에 가시가 많아 목장갑을 껴도 깊숙이 파고드는 가시에는 속수무책"이라며 "그래도 이렇게 벌어 손자 과자값 대는 것이 세상 제일의 낙"이라고 말했다. 아낙이 방금 딴 산딸기를 먹어보라며 건넨다. 볕이 있을 때 딴 놈이라 신맛은 없고 달단다. 옹골진 산딸기가 달고도 달다.

최 씨가 권한 산딸기막걸리를 맛봤다. 산딸기를 5% 함유하여 2년 숙성시켰단다. 색은 일반 청주 빛깔이고 약간의 신맛이 상쾌하다. 묵직한 맛도 있어 균형이 맞다. 화이트와인을 떠올리게 해 식전주로도 괜찮을 것 같다. 산딸기와인도 맛보았다. 발효 과정에서 보당(補糖)을 안 하고 100% 과당으로 와인을 만든다. 새콤달콤한 산딸기와는 또 다른 풍미가 묵직하게 느껴진다.

산딸기커피도 맛본다. 로스팅한 커피콩에 산딸기 원액을 섞어 발효한다. 특유의 산미와 커피 향이 잘 어우러진다. 산딸기식초는 희석하여 음료로 마셔도 좋을 듯하다. 그만큼 산미가 개운하고 산뜻하다.

한때 봄이면 야산에서 자주 만나던 친근한 과실, 산딸기. 지금은 봄철 과일의 대명사로 불릴 정도로 그 몸값이 높아졌다. 인근 김해지역이 국내 최대 재배지라니 이 또한 흐뭇한 일이다. 항노화·항산화 작용으로 건강에도 좋다고 하니 가까이 두고 즐겨도 괜찮을 듯하다.

지리산 봄나물

지리산 흑돼지구이도 조연이 된다

봄볕 따사로운 날, 불현듯 지리산 자락에 있는 지인에게서 기별이 왔다. "막걸리 한 사발에 봄나물 한 접시 놓고 보니 최 시인 생각이 나오. 멀리 지리산 중턱까지 연초록으로 눈이 시린데, 한 번 다녀가면 어떻겠소?"

일정 다 제쳐두고 불원천리 산청의 지리산으로 향한다. 이리 구불 저리 구불 고개 몇 개 넘어 덕천강이 순하게 흐르는 산청 뒷골이라는 마을로 찾아간다. 이미 마음마저 지리산 사람이 다 된 그가 봄물 가득 나그네를 맞이한다.

모든 풍경이 첩첩산중이면서 모든 색깔이 푸릇푸릇한 연초록의 세상. 한참을 봄꽃 자지러진 마당에 앉아 봄볕바라기를 한다. 세상의 분답함을 잠시 내려놓는 것만 해도 온몸이 그윽하기 이를 데 없다.

늦은 오후, 밥상 겸 술상을 보자며 마을 뒷산으로 사람을 이끈다. 여느 산이나 마찬가지겠지만 지리산도 봄이 오면 한 걸음 한 걸음마다 다양한 봄나물이 피고 진다. 몰라서 지나치는 일은 있어도 없어서 지나는 일은 없다.

마을을 가로지르는 맑디맑은 개울에는 돌미나리가 지천으로 고개를 내밀고 있고, 개울 둔덕에는 토실토실한 돌나물이 소복하다. 산길로 접어들자마자 곳곳에 취나물과 고사리가 밭을 이루고 제피나무에는 어린 순이 올망졸망하다. 비비추도 잎 자락을 제법 넓게 펼치고 있고 산부추도 풀잎 사이로 언뜻언뜻 얼굴을 보인다. 먹을 만큼 뜯는다는 것이 어느새 한 보자기 가득 봄나물이다. 내려오는 길에 엄나무와 두릅나무에서 잘생긴 나무순도 몇 개 딴다. 가만 보니 온 마을이 봄나물로 속절없이 둘러싸여 있는 형국이다.

지인의 집 안팎으로도 예외는 아니어서 산에서 이사 온 마가목과 화살나무에서도 부드러운 잎이 토실토실 차오르고 밭둑에 머위와 방풍이 상추, 정구지 밭 주위로 한 자리씩 차지하고 있다. 두어 시간 산책하고 나니 집 안이 향긋한 지리산 봄나물 냄새로 그득하다.

여인네들이 봄나물로 상을 차릴 동안 지인과 지리산 골골에 숨어 있는 막걸리를 두어 되 사러 간다. 작은 면소재지의 오래된 양조장에서 막걸리 한 바가지 얻어먹고는 흔쾌한 마음으로 서너 되 산다. 괜히 마음 한 곳이 든든해진다.

가는 길에 지리산 흑돼지도 두어 근 끊는다. 산청 사람들은 지리산에서 키운 흑돼지에 대한 자부심이 대단하다. 특히 봄나물을

지리산에서 채취한 갖은 봄나물

곁들인 흑돼지구이를 즐겨 먹는다. 고깃살은 탄력이 있으면서 쫄깃하고 지방은 적당량 고루고루 퍼져 있기에 고소하면서도 질리지가 않는다.

마침 한 마을의 장날이라 장 구경을 한다. 지리산의 장터답게 장터 대부분이 약초장이고 봄나물장이다. 온갖 봄나물과 푸성귀들이 파릇파릇 싱그럽다. 봄나물 한 줌에 사는 이와 파는 이 간에 실랑이도 벌어지는데, 그래서인지 장 구경이 소소하면서도 정감이 넘친다.

집으로 돌아오니 이미 봄나물들이 생채로, 숙채로 장만되고 몇몇은 된장에, 간장에, 고추장으로 조물조물 나물로 무쳐져 있다. 그중 처음 접하는 마가목과 화살나무순 나물은 꽤나 관심이 간다. 마가목이란 이름은 새순이 돋는 모습이 말의 이빨과 닮았다고 해서 붙여졌단다. 마가목 새잎을 살짝 데쳐 고추장을 조금 넣고, 마늘과 참기름을 넣어 버무렸다. 맛도 맛이지만, 향이 독특하고 강해 호불호가 갈릴 것 같지만 봄날 나른함을 깨우기는 좋을 것 같다.

화살나무는 나뭇가지가 화살의 날개처럼 생겼다. 어린잎은 조물조물 무쳐놓으면 고소하면서 식감 또한 좋다. 고추장 베이스에 참기름을 넣어 무치니 순하면서도 고소한 맛이 일품이다.

엄나무순과 두릅순은 데쳐서 초장과 젓갈에 찍어 먹고 머위는 데쳐 밥과 함께 쌈을 싼다. 엄나무순은 연한 생선비린내 같은 향이 있어 젓갈과 잘 어울리고 두릅순은 향이 강하면서도 단맛이 돌아 초장에 찍어 먹으면 좋다. 머위는 쓴맛이 있어 밥으로 먹으면 겨우내 잃어버린 식욕을 금방 되돌릴 수 있는 나물이다.

며칠 전 담근 장아찌도 한 접시에 담아내는데, 가죽나무순과 개옻나무순, 엄나무순, 머위 등속이다. 손가락으로 한 입 집어 맛보는데, 짭조름하면서도 각각 특유의 향은 그대로 품고 있어 밥도둑으로 악명깨나 높겠다.

봄나물 밥상을 식탁으로도 쓰고 있는 집 앞마당 너럭바위에 차려낸다. 마당 한 구석에는 가마솥 뚜껑을 걸어놓고 지리산 흑돼지를 굽는다. 잘 마른 감나무 가지를 땔감으로 쓰는데 그 화력이 대단하다. 타닥타닥 불이 피어오르자 솥뚜껑에는 흑돼지가 노릇노릇 익어간다. 산에서 딴 고사리와 쑥을 함께 올리고 마늘도 곁들인다. 쑥과 고사리가 돼지기름에 젖어들면서 구수하게 익어간다. 봄나물에 흑돼지까지 밥상에 오르자 드디어 지리산 봄나물

밥상이 완성된다.

자리에 앉고 보니 모든 봄이 식탁 위에 다 오른 느낌이다. 막걸리 한 잔에 봄나물을 안주 삼아 술추렴을 한다. 각각의 봄나물이 쌉싸래하고 고소하고 달콤하고 은근하다. 부드럽고 쫀득쫀득하고 살강살강하면서 매끄럽다. 성숙한 여인의 짙은 지분 냄새가 나는가 하면 앳된 소녀의 순한 마음씨 같기도 한 것이 다채롭고도 변화무쌍하다.

취나물, 머위 등속에 흑돼지를 올리고 당귀나 제피 잎을 얹어 싸 먹는다. 흑돼지의 고소하면서 쫄깃함에 봄나물의 짙은 향이 어우러지면서 입안은 온통 바람 좋은 봄날이다. 또 한 잔의 막걸리에 봄나물장아찌 한 점 곁들여 먹는다. 순하고 부드럽고 쌉쌀

봄나물과 썩 잘 어울리는 흑돼지구이

하면서도 새콤하다. 밥에 얹어 먹어도 꽤 괜찮은 봄 반찬이다.

정구지와 산부추, 미나리, 쪽파 등으로 부친 부침개도 상에 오른다. 향긋하면서 아삭아삭한 맛이 제대로인 봄나물전이다. 굽기가 바쁘게 접시가 비워진다. 이 봄날 지리산 자락에서도 막걸리 안주에는 부침개가 찰떡궁합이다. 하물며 봄나물부침개이니 더 일러 무엇 하겠는가?

마지막 봄나물밥상의 정점은 입가심으로 차려낸 봄나물비빔국수. 소면에 온갖 봄나물을 넣고 새콤달콤한 초고추장으로 비벼냈는데, 고명으로 제피 잎 몇 개를 올려놓았다. 갖은 봄나물이 제각각의 향기와 식감을 자랑하면서도 비빔국수에 함께 어우러져 봄나물비빔국수라는 또 하나의 새로운 장르를 만들어내고 있는 것이다.

이러구러 지리산의 밤은 깊어만 가고 주흥 또한 도도해지니, 사람 간의 대화조차 덕천강 물 흐르듯 지리산으로 스며들고 있음이다. 이렇게 사나흘만 묵다 보면 마음마저 지리산 봄물 들어, 어느 산자락 한 곳 차지하고도 남음이 있겠다.

푸새 남새 구첩반상

밥상에서 맞이하는 생동하는 봄

인동(忍冬)을 끝낸 봄의 전령들이, 식탁 위에 모여 풍성한 봄의 노래를 들려준다. 겨울의 언 땅을 뚫고 올라온 봄나물이, 그들의 강인한 생명력을 우리에게 지금 나눠주고 있는 것이다.

이들을 초대해 봄 냄새 가득한 구첩반상 '봄나물 한 상'을 차린다. 향긋한 쑥국에 구수한 냉이된장국, 깊은 풍미의 취나물 된장무침과 알싸한 달래무침, 들큰한 봄동김치와 흙내 가득한 정구지겉절이, 쌉쌀한 머위 쌈에 식감 좋은 원추리 숙채, 어린 톳과 서실 등 봄 해초무침. 게다가 특별손님으로 초대한 도다리뼈회, 그와 함께 싸 먹을 취나물·민들레 생채와 머위장아찌, 달래양념장. 3월 봄날이 고스란히 식탁에 올랐다.

바야흐로 봄이 자지러지고 있다. 산과 바다와 들판이 봄바람에 온통 푸르게 풍성해지고 있는 것. 도심에서 조금만 벗어나면 초록의 푸새(산과 들에서 나는 나물)와 남새(밭에 심어 가꾼 나물)가 일렁일렁 일렁이는 것을 본다. 지천으로 봄나물이 곱디고운 생명의 움을 틔우고 있다.

봄나물을 만나기 위해 봄볕 맞으며 텃밭으로 간다. 몇 년 전부터 부산 서구 서대신동 꽃마을 근처에 몇몇 지인과 채마밭을 가꾸고 있다. 철 따라 푸성귀를 먹을 만큼 수확하고, 혹시 남으면 이웃과 나눠 먹는다. 농약은 물론 비료조차 주지 않기에, 그 수확물은 거칠고 조악하기만 하다.

그래도 밭둑에는 쑥이랑 냉이, 원추리 등속이 고개를 내밀고, 머구(머위) 새싹과 아시정구지(어린 부추), 방아 어린잎들이 빨간 발을 수줍게 내밀고 있다. 이들을 한 끼 식사 찬거리로 채취한다. 어떤 놈은 풋풋하고, 어떤 놈은 향긋하고, 어떤 것은 알싸하고, 또 어떤 놈은 흙냄새 가득하다. 그들은 제각각의 성정으로 제각각의 봄을 맞이하고 있는 것이다.

몇몇 모자란 나물을 보기 위해 오시게장과 기장시장 채소전을 둘러본다. 반송이나 기장의 아낙네들이 직접 기르고 뜯은 푸새나 남새를 이고지고 와서 파는 곳이다. 장에 들어서자마자 풋풋한 푸성귀 냄새가 코끝을 간질인다. 장터가 온통 봄나물로 푸르고 싱싱하다.

기장시장 입구. 칠순을 훌쩍 넘긴 노파의 채소전에서 "씬내이(씀바구)가 참 좋네~"라고 중얼거리자 "아이고~ 처사님이 나물 이름을 어찌 그리 잘 아는교?" 한다. 신이 나서 이건 고들빼기, 저건 원추리, 요건 쑥부쟁이, 취나물, 달래, 돌나물, 돌미나리… 봄나물 이름을 줄줄이 꿰며 호명한다. 그럴 때마다 봄은 한 걸음씩 사람들 가슴으로 따뜻하게 다가온다.

기장시장 봄나물전. 봄나물이 “저 좀 보셔요! 저 좀 보셔요!” 아우성치는 봄날이다.

이들을 데리고 집으로 돌아오는 길. 봄나물들이 제각각 앙증맞은 손가락을 꼼지락거리며, 따스한 봄 햇살 한 줌과 봄바람 한 줄기를 사람 손에 꼬옥 쥐여준다. 이렇게 봄나물은 우리에게 봄이 오는 소리를 들려준다. 그 봄의 소리에 우리는 춘곤증을 이겨내고, 겨우내 움츠렸던 몸과 마음을 풀어내며, 봄의 원기를 탱탱하게 채운다.

‘밥은 집밥이 제일’이라 했던가? 오래도록 음식에 관한 칼럼을 쓰면서, 음식은 역시 ‘집에서 해 먹은 것이 가장 맛있다’는 결론을 내렸다. 평소 선호하는 식재료에, 가장 익숙하고 편한 조리법으로, 양념과 조미의 강약을 자신에게 맞춘 음식을, 자기만의 방식으로 먹을 수 있기에 그렇다.

식구들과 팔을 걷어붙이고 나물을 장만한다. 생채는 묵은 이파리를 정리하고 깨끗이 씻어 채반에 밭쳐놓고, 숙채는 나물 따라 물 온도와 삶는 시간을 구별하여 삶아놓는다. 해초는 떫은맛을 없애기 위해 바락바락 주물러 주거나 살짝 데쳐서 준비한다. 그리고 나물의 종류와 식성에 따라 각각의 양념을 준비해 둔다.

봄나물의 양념 베이스는 크게 네 가지로 나뉜다. 간장과 참기름, 간장과 식초, 된장과 참기름, 액젓 베이스이다. 여기다 마늘과 고춧가루, 조미료 등을 가감하여 음식을 만드는데, 저마다의 풍미나 식감 등 나물의 성정을 고려하여 양념을 쓰면 되겠다.

이렇게 차려낸 '봄나물 밥상' 앞에 자리한다. 밥상에는 온통 향긋한 푸성귀 냄새가 진동한다. 밥상 위로 풍성한 봄이 아른아른 펼쳐진다. 푸들푸들 살아 오르는 봄나물들로, 먹는 사람마저 푸른 봄물이 들 지경이다.

그들의 이름을 일일이 일별하며 한 가지씩 먹어본다. 우선 뜨거운 쑥국 한 술 떠먹어 본다. 강렬하다. 봄나물 중에서도 특히 자기 목소리를 강하게 내는 것이 쑥이다. 짙고 깊은 향의 쑥국 한 모금으로 봄의 입맛은 단번에 되돌아온다. 그만큼 잃어버린 식욕을 찾는 데 쑥국만 한 것도 없을 듯싶다. 냉이된장국을 떠먹는다. 구수한 된장과 냉이가 어우러져 입맛을 돋워준다. 냉이는 '봄에 먹는 인삼'이라 했다. 그 정도로 다양한 영양소가 풍부하여, 봄 건강 챙기는 데는 안성맞춤이다.

부추는 봄 들판의 구수한 흙냄새가 사람 입맛을 당기게 하고, 달래무침은 아직까지 꽃샘바람의 맵싸함이 묻어 있다. 취나물은

봄나물 밥상

아삭한 식감에 상쾌한 풍미가 풍성하고, 데친 원추리는 달래장에 찍어 먹으면 들큰한 맛이 꽤 괜찮다.

방아 어린잎은 박하처럼 달콤하면서 허브처럼 깊은 향을 내뿜고 있다. 데친 머위를 젓국에 쌈 싸 먹으니 비린내와 쓴맛이 살짝 받치는데, 구수하고 짭짤한 젓국이 어우러지며 묘한 조화를 이룬다. 이렇게 봄나물은 저마다 개성이 강한 미각으로 봄을 깨우고, 우리 식탁에 봄 햇살을 잔뜩 데려다 놓았다.

서실은 봄 바다에서 채취하는 해초. 바다아낙들이 직접 파도 속에서 채취하는 귀한 식재료다. 몸체가 실처럼 얇다고 지어진 이름이다. 바위에서 떡잎처럼 이파리가 돋는 어린 톳과 함께 대표적인 봄 바다나물. 멸치젓갈에 서실과 마늘, 땡초, 설탕, 고춧가루를 넣고 살살 무치면 봄 바닷냄새 그윽한 서실무침이 된다. 어린 톳 무침도 마찬가지. 그들이 쏟아내는 갯내음은 온 식탁을 채우고도 남을 정도다. 식감도 꼬들꼬들, 보들보들 흥미로워 더욱 좋다. 거기에 상큼한 '감태 김'을 찢어 흰 쌀밥을 얹고, 그 위에 달래장 올려 한입 먹으면 '바다음식의 화룡점정'이다.

봄철 생선회는 봄나물 생채와 함께 쌈을 싸 먹으면, 나물의 쌉쌀하면서도 진한 향과 어우러져 식욕을 돋우는 데 큰 도움이 된다. 초대 손님 '도다리뼈회'를 취나물 생채 위에 넉넉히 얹고 콩된장양념에 한 입 싸서 먹는다. 입안 가득 바다 봄바람과 들판 봄바람이 만나 서로 희롱한다. 달큰하고 쫄깃한 '도다리뼈회'와 향긋하고 진한 '취나물'의 상쾌함이 어우러져, 입안은 벌써 농염한 봄이 무르익는다. 민들레 어린잎도 싸 먹어본다. 기분 좋은 쌉쌀함이 된장양념 속 참기름과 어울려 입맛을 제대로 돋워준다. 그 사이로 오독오독 도다리회가 재미나게 씹힌다.

뒤이어 따끈한 흰 쌀밥에 달래장을 끼얹어 쓱쓱 비빈다. 비빌수록 알싸하면서도 향긋한 달래향이 분수 터지듯 뿜어져 나온다. 양념의 달콤새콤함, 한 방울 떨어뜨린 참기름이 어우러져, 기가 막힌 맛의 조화를 이루어낸다. 씹으면 씹을수록 고소하고 상큼함에 입맛이 제대로 돌아온다.

봄나물은 식탁 위에서 파릇파릇, 향긋하고 쌉쌀한 향과 맛으로 사람의 입맛을 기껍게 한다. 이렇게 무쳐 먹고, 데쳐 먹고, 된장국에 넣어 먹고, 생으로 먹으면서, 봄의 기운으로 봄을 이겨내는 것이다.

밀양 보리밥

허기진 옛 추억을 채우는 보리밥 한상

밀양에 갈 때면 내일동에 있는 밀양아리랑시장의 '보리밥골목'에 들러 보리밥을 먹는다. 나이 지긋한 할머니가 옛날 방식으로 밥을 쪄서 간이 센 시골식 반찬과 함께 내는 집이다. 한 두어 평쯤 될까? 식당 중앙에는 기다란 탁자가 놓여 있고, 그 위에 각종 반찬을 한 양푼씩 담아 놓았다. 식탁 주위로 쪼그려 앉는 앉은뱅이 목포 의자가 두 개. 마치 식당 안을 장터 난전 밥집처럼 꾸며 놓았다.

아침에 갓 담근 벌건 배추김치가 포기만 잘라 놓아 푸짐하고, 토속 된장에 박아 놓았던 고추장아찌도 입맛을 돌린다. 온갖 푸성귀를 넣고 조물조물 버무린 겉절이도 좋고, 정구지김치 열무김치 등 여러 종류의 김치, 무나물, 콩나물, 무청, 시래기나물에다 파릇파릇한 상추와 푸들푸들한 다시마도 한몫한다. 짭짤한 강된장도 참 맛깔스럽다. 이를 밥 한술에 척척 올려 먹고, 한 손 가득 쌈 싸 먹고, 이것저것 두루 넣어 쓱쓱 비벼 먹는 것이다. 보리밥을 다 먹고는 맵고 짭조름한 입을 씻어주는 화룡점정 보리밥 숭늉! 오랜만에 소박하면서도 기꺼웠던 밥상이었다.

보리는 쌀, 밀, 옥수수, 콩과 더불어 인간의 5대 곡물 중 하나로, 농경 시대 때부터 쌀과 함께 오랫동안 주식으로 삼았던 곡식이다. 보리는 주식뿐만 아니라 빵, 과자, 국수 등의 식재료로, 그리고 엿기름과 식초 등 발효식품의 원료로도 활용된다. 더불어 맥주, 위스키 등의 주류, 동물사료 등의 원재료로도 널리 쓰이는 곡물이기도 하다.

보리는 주로 중동 지역과 인도 북부, 중국 남부 지역 등에서 기원전 1만 8000년~1만 7000년께부터 재배한 것으로 알려져 있다. 한반도에는 3000년 전쯤에 중국에서 전파된 것으로 보이며, 문헌상으로는 삼국시대 이전부터 우리 민족의 중요한 작물로서 재배되었다고 전해진다. 일연 스님의 『삼국유사』에 의하면 고구려 시조인 주몽이 부여의 박해를 피해 떠날 때 어머니 유화부인이 비둘기를 이용해 보리 종자를 전해주었다는 기록이 있다.

보리는 우리 민족에게는 특히 소중하고 고마운 곡물이었다. 원래 쌀을 주식으로 하는 민족이지만, 한 해를 오롯이 먹을 수 있을 정도의 쌀을 자급하지 못했던 시절이 대부분이었다. 그래서 나머지 대부분을 보리가 채워주었다. 해서 가을 추수 뒤 봄 모내기 이전까지 유휴지에 보리를 파종·수확하는 영농법이 개발된다. 그렇게 됨으로써 식량 수급이 그나마 어느 정도 해결이 되었다.

그래도 일반 서민인 하층민은 가을에 수확해 둔 곡식이 떨어

과거 '가난의 상징'이었던 보리밥은 오늘날 건강식, 추억의 별미로 소비된다.

지는 초봄부터 보리 수확 철까지 참으로 견디기 어려운 춘궁기(春窮期)를 겪는다. 이 시기를 두고 '먹고살기가 고개를 오르듯 힘들다'는 뜻으로 '보릿고개'라 부르며 일 년 중 가장 혹독한 계절로 여겼다. 오죽하면 중국에서 가장 험하고 신령스러운 태산(泰山)보다 높은 것이 보릿고개라는 속담이 있었을까? 이 눈물의 보릿고개는 일제 강점의 수탈기와 한국전쟁 시기, 경제개발이 이뤄지기 이전인 1960년대까지도 존재했다.

당시에는 풀뿌리 나무껍질도 양식으로 먹었다는데, 그나마 초봄에는 산들에서 나는 나물을 뜯어다가 보리쌀 등 소량의 곡식과 된장, 고추장 물을 풀어 '나물죽'을 끓여 먹었다. 그러나 곡식 한 톨 남아 있지 않은 집에는 눈물을 머금고 보리알이 익기 전인 풋보리를 베어다가 작두로 잘게 썰어 이를 볶고 말려, 감자와 섞어 먹거나 범벅으로 끓여 먹었다고 한다. 바로 '짝두보리범벅'이

경북 지역의 갱시기죽

강원도, 동해안 지역의 꾹죽

다. 김치와 밀가루, 봄나물을 넣고 뻑뻑하게 끓여낸 '갱시기'나 '꾹죽'도 보릿고개의 아픈 기억을 가진 음식 중 하나이다.

그러하기에 보리 수확 철은 기층민에게 축복의 계절이자 가장 기다리던 때였다. 그만큼 보리는 서민에게는 가장 친숙하고, 가까이에서 그들의 주린 배를 채워주며, 끼니를 책임져 주었다는 것이다.

보리나 보리밥으로 생겨난 속담 또한 헤아릴 수 없을 정도로 많다. 그중 몇 가지 속담을 들면 '보리방아 찧을 때면 죽은 시어머니 생각난다', '보릿고개가 태산보다 높다', '양반은 트림하고 상놈은 방귀 뀐다' 등이 있다. 그만큼 보리(밥)는 서민의 삶 속에 깊숙이 자리하고 있었다. 특히 힘든 삶 속에서 그 곁을 지켜왔기에 신산했던 생활을 한탄할 때 단골로 쓰였던 소재이기도 했다.

우리가 곡식으로 사용하는 보리는 크게 세 종류로 나뉜다. '겉보리'와 '쌀보리', '찰보리' 등이다. 맥주 재료로 쓰이는 '맥주보리'

와 동물사료용의 '청보리'도 재배하고 있기도 하다. 겉보리는 보리 알곡을 싸고 있는 겉껍질이 단단히 붙어 있어 잘 벗겨지지 않는 보리이고, 쌀보리는 겨가 잘 벗겨지는 보리이다. 찰보리는 쌀보리 중 찹쌀처럼 찰기를 가진 보리다.

겉보리를 찧은 것이 '늘보리'라고 한다. 이 늘보리만으로 밥을 한 것을 예전에는 '꽁보리밥', '꽁당보리밥'이라고 불렀다. 보리는 수분 흡수율이 떨어져 쌀과 함께 밥을 지을 수가 없다. 그래서 오랫동안 물에 불리거나 따로 찌거나 삶아서 이차로 쌀과 함께 넣고 밥을 짓는다. 이 때문에 식감이 거칠고 찰기가 없을뿐더러 미끄덩거리며 입에서 따로 놀아 흔쾌한 맛은 아니니다.

이런 번거로움 때문에 개발된 것이 보리를 압착한 '압맥', 압맥을 둘로 나눈 '할맥' 등이다. 이들은 쌀과 함께 안쳐 밥을 지을 수가 있었고 맛과 식감 또한 개선되었다. 1970년대 정책적으로 혼분식을 장려하고, 학교에서 혼식 도시락 검사를 하던 시기에는 꽤 인기 있었던 혼식 재료였다.

어려운 시절 서민들의 끼니를 책임져준 보리

그러나 요즘은 먹기가 그리 쉽지 않은 음식이 보리밥

이다. 오래전 쌀 생산량이 소비량을 훨씬 넘어섰고, 해가 갈수록 쌀 소비량은 줄어 생산량을 조절해야 할 처지이다. 보리는 쌀을 대신하여 함께 먹어 왔던 '보충재'나 '대용재'였기에 쌀이 남아도는 마당에 보리밥의 소비가 늘어날 수는 없겠다. 그나마 건강 식단이나 옛 추억의 별미로 소비되는 경우가 있어 몇몇 전문 식당이 운영되고 있는 정도이다.

가난한 이들의 밥상을 의미하는 보리밥. 그나마 보릿고개 때에는 이 보리밥마저도 먹을 수조차 없었던 '가난의 상징'이었다. 그러나 지금은 건강밥상에는 빠트리지 않는 소중한 곡물이 보리이다. 고혈압, 당뇨 예방 및 심장 및 장 건강에 필수적인 식품으로 인식되기에 그렇다.

해마다 더워지는 여름날이지만 선선한 그늘에서 갖은 채소 겉절이와 나물 등속을 보리밥과 쓱쓱 비벼 토속 된장과 함께 한 입 크게 먹으면 초여름 더위도 그리 성가시지는 않을 듯싶다.

나무순 나물

가지마다 줄기마다 매달린 농익은 봄

봄이 익어가는 계절. 농염한 봄은 나뭇가지 끝에 조랑조랑 맺히는 나무순에서부터 부풀어 오른다. 나무순이 큰 잎사귀로 자라는 동안 하늘하늘한 연두의 봄은 싱싱하고 짙푸른 여름으로 옷을 갈아입을 것이다.

잘 익은 봄을 만끽하려 나무순을 찾아 나선다. 기장 쪽 산에서 채취한 두릅과 엄나무 순은 있으니, 밭에서 초피나무 순과 뽕나무 순을 따면 될 것이다. 밭으로 가기 전 자갈치시장 옆 새벽시장 쪽으로 발길을 옮긴다.

시장에는 온갖 봄 것들이 자지러진다. 돌나물, 돌미나리, 머위, 방풍, 취나물 등속이 바구니마다 가득가득하다. 봄나물이 꾸벅꾸벅 졸고 있는 한 좌판에 발길을 머문다. “두릅, 응개(엄나무 순), 다래, 가죽, 산초… 응? 이건 못 보던 건데…” 중얼거리자 “이거요? 홋다리나물 아인교”라는 대답이 바로 돌아온다.

"핫다리(나중에 알아보니 합다리나무 순이다)요? 처음 들어보는 건데…" "국 끼리 묵꼬, 나물 무치 묵꼬 하는데, 얼매나 구시고 맛있는데예." "어디서 땄습니까?" "제약산에서예" "제약산이라면 밀양 표충사 쪽 말입니까?" "예." "어디 사시는데요?" "밀양댐 밑에서 안 삽니꺼?" "아이고~! 거기서 나물 팔러 오셨어요?" "예." 순박한 나물 아낙 김미옥 씨의 말이다.

김 씨에게서 나무순을 산다. 바구니째 이것저것 다 살 수는 없어 조금씩 섞어달라고 하니 흔쾌히 그러잔다. 가죽나무 순, 합다리나무 순, 다래나무 순, 옻나무 순… 등을 만 원에 산다. 비닐봉지 가득 봄을 들고 발길이 가볍다.

필자가 가꾸는 텃밭으로 가서 초피나무 순을 딴다. 밭둑 옆 초피나무 가지마다 앙증맞은 잎사귀들이 소복소복 매달렸다. 초피나무 순은 향이 아주 강하고 맛이 맵고 싸~하게 자극적이어서, 처음 접한 사람은 꺼려지는 식재료이다. 가시가 있는 가지를 조심하면서 연초록 작은 잎사귀를 떼어낸다. 잎을 채취하는 내도록 아릿하고 은근한 허브향이 코를 간질인다.

이 초피나무 순은 삼겹살 등 육류에 올려 채소 쌈을 싸 먹기도 하고, 다 큰 잎으로는 장아찌를 담그기도 한다. 초피열매 가루는 추어탕, 시락국 등에 쳐서 맛을 살리는 '향신료'로 활용하기도 한다.

부산에 정착한 타지 사람들에게 '부산 사람'으로 잘 적응하고 있는지 테스트하는 방법 중 하나가, 초피나무 순과 방아 잎의 식

봄나무순

재료 활용 여부이다. 워낙 향이 강하고 막 내지르는 맛이라 적응하기가 쉽지 않기 때문이다.

그렇지만 초피 잎에 적응만 잘한다면 무슨 음식에서라도 산뜻하고 깔끔하면서도 개운한 초피의 맛깔을 선사받을 수 있는 것이다. 때문에 무뚝뚝하면서도 오지랖 넓게 이것저것 간섭하는, '부산식 친절'을 베푸는 부산 사람들의 성정과도 너무나 흡사한 식재료이기도 하다.

그런데 우리 부산에서는 이 초피나무를 산초나무로 오용해서 부르고 있는데, 이는 잘못된 상식이다. 원래 산초나무는 가시가 홀으로 나고, 초피나무는 겹으로 난다. 초피나무는 열매껍질만 갈아서 향신료로 쓰고 산초나무는 열매씨앗과 함께 갈아서 사용한다. 때문에 정작 초피나무를 식재료로 활용하면서도 이름은 산초나무라 하는 것이다.

초피는 가시가 없는 민초피나무와 가시가 있는 초피나무로 나뉘는데, 식재해서 기르는 것은 주로 민초피나무를 선호한다. 필자의 텃밭에는 이 두 나무가 다 있는데, 개인적으로 가시가 있는 놈이 성깔이 있어 보여 은근히 마음이 간다.

요즘 '부산의 산'에서도 자주 보이는 초피나무 순은 산행 도시락 반찬으로 곁들여도 꽤 괜찮다. 산을 오르다 몇 잎 채취하여 김밥 위에 올려 먹어도 좋고, 김치나 고기반찬과 함께 곁들여도 상쾌한 봄맛을 만끽할 수 있겠다.

초피나무 옆 뽕나무에서도 뽕잎이 소담스레 몽글거린다. 뽕잎도 몇 잎 딴다. 아직 쌈 쌀 정도로 크지는 않지만 여러 장 함께 얹어 싸 먹으면 될 일이다. 뽕잎은 알다시피 누에의 주식이다.

누에가 뽕잎으로만 양질의 단백질과 곱디고운 비단원료 '견사'를 생산해내는 것을 보면, 뽕잎의 영양성분이 어느 정도인지는 굳이 설명하지 않아도 남음이 있겠다. 뽕잎이 시퍼렇게 성하는 늦봄이면 이 뽕잎들 사이로 새카맣게 윤이 나는 오디가 오지게도 영글어 가지를 무겁게 늘어뜨릴 것이다.

하단장의 소담식당. 이웃 밭의 이상룡 교수와 죽이 맞아, 봄나물을 좋아하는 박윤성 화백과 '봄 나무순 식탁' 앞에 자리한다. 주

봄나무순 밥상. 각종 장아찌와 데친 나무순들이 보인다.

인장이 박 화백이 직접 담근 수제 막걸리와 산에서 채취한 나무순 나물을 초회로 먹을 수 있도록 낸다. 엄나무 순과 옻나무 순, 두릅나무 순 등이다. 제피나무 순은 김치 양념으로 버무려 겉절이를 했다.

누룩냄새 진동하는 막걸리 한 잔 들이켜고 엄나무 순을 쌈장에 찍어 먹는다. 쌉싸래하면서도 특유의 비릿한 향이 솔솔 풍겨난다. 옻나무 순을 갈치내장으로 만든 순태젓갈에 찍어 먹는다. 약간의 흙냄새와 살짝 떫은맛이 새삼 봄을 다시 일깨워준다.

두릅도 맛을 본다. 은근한 쓴맛이 향긋한 향기와 함께 입안에서 오래도록 머문다. 잎자루에 빽빽하게 돋아난 잎사귀들이 혀를 사각사각 간질이는데 이 또한 씹는 재미가 쏠쏠하다. 이렇게 이놈 저놈 돋아난 순을 먹다 보니 입안이 온통 쌉쌀하게 봄을 다독인다.

집으로 와서 나무순으로 밥상을 차린다. 합다리나무 순을 살짝 데친다. 다른 나물은 데치면 초록색이 선명해지는데, 합다리나무 순은 노란빛이 감돈다. 참으로 먹음직스러워 보인다. 합다리나무는 중부 이남의 양지바른 산에서 10m 이상 자라는 나도밤나무과 수목이다. 대기오염에 약한 수종이라 깊은 산골에서만 보이는 나무라 한다. 가지 끝 새순을 '합대나물'이라고도 하는데 4월에 채취하여 나물이나 된장국 등 국거리로 쓴다.

데친 순을 간장, 참기름, 소금, 마늘 등 양념을 넣고 조물조물 무친다. 나물 특유의 진한 향이 없이 순하게 양념과 어울린다. 고소한 참기름과 함께 어우러지는 맛이 여간 고급스러운 게 아니다.

합다리나무 순을 넣고 보글보글 된장국을 끓인다. 구수하다. 한 술 떠먹어보니 봄이 입안 가득 퍼져난다. 합다리나무 순과 함께 먹어본다. 우선 들큰한 맛이 감돌면서 고슬고슬 씹히는 식감이 좋다.

초피 잎으로 장아찌를 담근다. 초피장아찌는 간장으로 담가서 오래 먹기도 하고, 고추장과 간장을 반반 섞어 무쳐 바로 먹을 수 있도록 담그기도 한다. 간장 장아찌는 더운 여름 입맛 없을 때 밥을 말아 함께 먹으면 좋고, 고추장 장아찌는 봄날 기운 없을 때 밥에 비벼 먹으면 그 향긋하고 개운한 향의 발랄함에 금방 힘이 솟는다.

가죽나무 순은 고추장에 버무리고, 달래순과 두릅, 엄나무 순 등은 데쳐서 초회와 곁들여 먹는다. 아~! 숫제 봄이 입안에서 터져 오른다. 쌉싸래한 첫맛에 침이 가득 고이고, 곧이어 들큰하게 단내가 퍼질 때쯤, 입안은 풋풋한 봄내음으로 가득하다.

쌉쌀하다가 달콤하고, 짙은 풀향이 돌다가 비린 맛이 살짝 감돌고, 약간 떫은 것 같기도 하다가 알싸한 맛도 나는 각종 나무의 어린잎 '순', 그들이 빚어내는 기기묘묘한 맛의 대장정에 온 마음이 기껍게 무장해제당한다.

묵나물

햇빛과 바람이 만든 슬로푸드

한때, 집 안에서 나물 볶는 냄새를 가장 좋아했던 때가 있었다.

나물 볶는 날은 당연히 잔칫날 같은 집안의 경조사가 있는 날. 사람이 북적이고, 갖은 음식이 상에 푸짐하게 오르며, 모두의 얼굴에 환한 미소가 번지는 날이었다.

육고기가 부족했던 시절, 나물만큼 향기롭고 맛있는 음식이 또 어디 있었으랴? 그만큼 나물은 우리 민족에게 흔하면서도 가장 편안한 음식이었다. 나물이 갖는 각각의 고소함과 특유의 향이 잔치의 시작을 알리고, 이웃의 사람들을 불러모았으며, 모두가 잔칫상 주위에 둘러앉아 한 끼의 음식을 나누도록 이끌었다.

잔칫상뿐만이 아니었다. 대다수가 공평하게 가난했고, 먹을 것은 언제나 부족했던 시절, 없이 살던 집안의 밥상 위에는 반찬으로 나물이 늘 빠지지 않았다. 집 주위 자투리땅이나, 산에서 들판에서 흔히 볼 수 있는 남새, 푸새를 한 줌씩 가져와 각각의 특징을 잘 살려 독특한 음식을 만들어 냈던 것이다.

특히, 겨울을 대비해 다양한 나물을 데치고 말려 두고두고 먹었는데, 이를 '묵나물'이라 했다. '묵나물'을 사전에서 찾아보면, '제철에 뜯어서 말려 두었다가 이듬해 봄에 먹는 나물'로 정의한다. '말린 나물', '묵은 나물'을 이르는 '묵나물'은 봄에 지천으로 자라는 나물을 뜯어서 잘 말려 두었다가, 찬거리가 각박해지는 시기가 되면 의지했다.

제철의 나물은 향긋하고 맛있지만, 저장성은 약하다. 제철 나물에 비해 철을 가리지 않고 먹을 수 있었던 '저장음식'의 대표적인 음식이 '묵나물'이었다. 겨울에 부족한 비타민이나 미네랄 등의 영양소도 보충하고, 입맛 없는 겨우살이에 밥맛까지 살려주는 지혜로운 음식이기도 했다.

햇빛과 바람이 만든 묵나물 밥상

묵나물이라 해서 일반 나물에 비해 향이나 맛이 현저히 떨어지지가 않아, 나물이 그리워지는 즈음이 가장 맛이 좋고 흡족한 시기이다. 부산에서도 다양하고 독특한 묵나물을 즐겨 먹었는데, 부산은 바다를 끼고 있으니 다양한 겨울 해초 또한 나물로 해 먹었다.

다양한 '묵나물'을 맛보기 위해 궁리하다 묘안을 떠올렸다. 본가의 어머니께 묵나물 요리를 부탁하기로 했다. 수십 년 부산에 살면서 묵나물을 친숙하게 접하고 능숙하게 장만한 이 분야의 전문가이기 때문이다.

본가에 들어서니 구수하고 향기로운 나물 냄새가 진동한다. 잔칫집을 방불케 한다. 묵나물의 면면을 살펴보니, 시래기(무청), 고구마줄기, 다래순, 고사리, 미역줄기, 토란대, 아주까리(피마자 잎), 취나물, 시금치 등등이다. 어지간한 '묵나물'은 총동원된 것 같다. "너희 할머니께서 묵은 나물을 참 맛있게 만드셨지. 고춧잎 말린 것, 무말랭이, 가지말랭이, 시래기, 늙은 호박말랭이를 손으로 조물조물거리면 별의별 음식이 한 상 떡 하게 차려져 나왔지." 어머니 말씀이다.

"들기름으로 볶으면 향이 좋고, 고소하거든. 옛날이야 기름이라고 해봤자 참기름, 들기름인데 나물은 주로 들기름으로 볶아 먹었지. 묵나물은 향긋한 들깨 냄새가 좋았던 음식이라." 집 안이 온통 들기름 냄새로 기껍다.

"봄과 여름의 햇빛을 듬뿍 받고 자란 나물들이라, 영양분을 잘 간직했지. 면역력을 높여주고, 산성화된 몸을 알칼리성으로 바꿔

주며, 체내 독소를 해독하는 효과가 있다"고 곁에서 아버지가 한 말씀 거드신다.

"묵나물은 정월 대보름께부터 봄이 오기 전까지 먹으면 가장 맛있지. 보름에는 나물 다섯 가지 또는 일곱 가지 정도를 해 먹는데, 큰잔치에는 아홉 가지, 열 한 가지 나물을 준비해서 먹기도 했단다." 나물은 홀수로 정해서 먹는 풍습이 있었다는 어머니의 말씀이다.

묵나물을 한 가지씩 맛본다. 시래기는 푸른 무청을 잘 말려 식감이 부드럽고 푸슬푸슬하다. 들기름을 잘 받아들여 향이 그윽하다. 고사리는 특유의 향을 지니고 있어 씹을수록 들판의 자연스러움이 가득하다. 다래순 또한 나무를 감아 도는 힘이 고스란히 남아 나물에 탄성이 물씬 느껴진다. 토란대도 적당한 식감이 편안하다.

아주까리 잎으로 밥을 싸 먹는다. 아주까리 잎을 넓게 펴서 밥을 한 술 얹고, 잘 익은 멸치육젓을 또 한 푸짐하게 얹어 입에 넣는다. 아주까리의 쫄깃한 식감과 구수한 멸치젓국이 절묘한 조화를 이루며 입안을 흥겹게 한다. 이토록 아름다운 조합이 있

아주까리 잎(피마자 잎)

을까 싶다.

이 모든 것을 담아 밥을 비빈다. 모든 계절의 맛과 성정이 밥그릇에 담겨 가득하다. 한 술 입에 넣으니 산과 들에서 불어오는 바람이 청명하고 흔쾌하다. 어떤 것은 푸릇푸릇하고 어떤 것은 쌉싸름하다. 달콤한 맛도 있고, 맵싸한 맛도 있다. 미역줄기나물은 바다의 물결을 닮아 입안에서 부드럽게 일렁인다.

또 한 술 떠먹어 본다. 참 구수하고 흔쾌하다. 다양한 식감의 잔치처럼 펼쳐진다. 꼬들꼬들하고, 부드럽고, 들큰하고, 짭짤하고…. 각각의 재료가 섞이고, 어울리면서 하나의 맛으로 합일된다. 마치 여러 사람이 함께하는 강강술래가 입안에서 돌고 도는 느낌이다. 참으로 기꺼운 맛이다. 모든 묵나물이 이리저리 함께 섞여 다양한 맛을 내니, 모든 절기가 한데 모여 어우러진다. 다양한 절기가 한 해의 건강과 복록을 일으키고 바로 세우는 것이다. 그러하기에 묵나물은 사계절을 대표한다. 계절이 갖는 각각의 특징을 내세워, 다른 계절의 부족함은 채우고, 남는 것은 덜어주는 것이다.

그러나 저러나 묵나물은 봄이 오기 전에 먹어야 제맛이다. 겨울이 지나는 길목에서 끝까지 겨울을 견뎌내기 위해 존재하는 것이 묵나물의 역할이기 때문이다. 그래서 묵나물은 새로운 봄을 맞기 위한 사람들의 염원이자 기원이 듬뿍 담긴 음식이기도 하다.

기장 쪽파

'파김치'된 당신에게 봄이 내린 선물

봄이 완연해지면 몸이 나른하고 괜스레 노곤해진다. 바야흐로 '봄을 타는' 것이다. 움츠렸던 삼라만상이 기지개를 켜며 잠에서 깨어나는 가운데 새로운 생명은 왕성한 활동을 시작한다 .

이 시기에 사람들도 새로운 생명력을 취하기 위해, 봄을 이겨내는 음식을 찾는다. 이완되는 몸을 살짝 긴장시키는 봄나물이 그것인데, 그중 입과 몸과 마음을 깨우는 것 중 하나가 이 무렵의 '쪽파'이다. 쪽파는 대파와 양파를 교잡하여 만들어낸 식물이다. 알뿌리 하나를 심으면 여러 쪽의 파줄기가 분화하여 자란다고 쪽파라 한다. 재배하기도 쉬워 예부터 집 주위에서 흔히 키우던 작물이다. 부산을 비롯한 경상도에서는 '자잘한 파'라고 '잔파' 또는 '당파'라고도 한다.

쪽파는 대략 기원전 660년 전부터 중국에서 재배한 첫 기록이 있다. 우리나라에 들어온 것은 약 1500년 전으로 중국에서 전래된 것으로 추정한다. 고려시대 『향약구급방』에 파를 약재로 활용한다는 기록을 봐도 미뤄 짐작할 수 있다.

고려시대 시인 이규보의 문집에는 '가냘픈 손인 양 무성한 파 줄기 옹기종기 많은데 / 아이들 그 잎 뜯어 피리 삼아 불어댄다 / 술자리에 좋은 안주가 될 뿐 아니라 / 고깃국에 파를 넣으면 맛이 배가되니 그 아니 좋은가'라는 시가 수록되어 있는데, 이를 보더라도 오래전부터 우리 민족이 파를 상용했음을 알 수가 있다.

쪽파는 따뜻한 성질을 지녀 나른한 봄날에 인체의 활력을 부추기고, 겨우내 지쳤던 몸에 원기를 돋게 한다. 『동의보감』에는 성질이 따뜻하고 비장과 신장을 좋게 하며 기운을 북돋워 피로를 이기게 하는 작물로 소개돼 있다. 특히 봄날의 쪽파는 잃었던 미각을 일깨우고 춘곤증과 심신을 안정시키는 데 유효하다.

한때 선남선녀의 결혼식에 주례가 "검은 머리 파뿌리가 되도록 오래오래 건강하고 행복하게 잘 살기를…"이라는 말로 두 사람의 장도를 격려했다. 그 말 속에는 오래도록 해로하라는 뜻도 있지만, 겨울을 이겨낸 파의 생명력처럼 건강하고, 무병장수하라는 의미도 있다.

요즘 수확되는 쪽파는 일 년 중 단맛이 가장 좋고 특유의 매운맛도 이즈음에는 순하고도 곱다. 그래서인지 주로 양념장이나 탕국의 고명 등으로 쓰이는 쪽파가 이즈음에는 파김치, 파전, 파강회 등 음식의 메인으로 활약한다.

소금물에 살짝 데친 쪽파를 돌돌 말아 초고추장에 콕 찍어 먹는 '파강회', 고슬고슬 잘 지은 흰 쌀밥에 얹어 먹으면 밥 한 그릇

기장 쪽파는 바닷바람을 맞아 맛이 달고 순하다.

금방 뚝딱인 '파김치', 잘 달군 팬에 반죽 입힌 쪽파와 채 썬 채소를 듬뿍 올려 부친 '파전' 등이 그것이다.

봄을 맞은 요즘 부산 기장군의 밭에서는 쪽파가 푸른 물결을 이루고 있다. '울울총총(鬱鬱葱葱)'하다. 기장 쪽파는 바닷바람을 맞아 맛이 달고 순하며, 향과 식감이 좋아 예부터 다른 지역의 쪽파보다 비싸게 팔렸다. 기장쪽파로 만들어 먹는 부산의 향토음식 중 대표적인 것은 동래파전일 것이다. 당시 동래 인근 기장의 쪽파로 쉬 해 먹을 수 있었던 음식으로, 동래기생들에 의해 널리 계승된 것으로 보인다.

매년 삼월삼짇날 동래부사가 임금께 진상했던 귀한 음식이기도 했거니와, 일제강점기 이후로는 '동래장'에서 술추렴 안주나 주전부리로도 꽤 인기를 끌었던 음식이다. 오죽하면 '동래파전 먹으러 동래장 간다'는 말까지 있었을까?

'동래파전 먹으러 동래장 간다'는 부산의 향토음식 동래파전. 기장쪽파를 넉넉하게 쓰는 것이 맛의 비결이다. ⓒ김도근

기장쪽파를 번철에 넓게 두르고 미나리, 홍합, 굴, 새우, 조갯살, 쇠고기 등 부침개 재료와 찹쌀 등 곡물을 이용한 반죽가루, 멸치와 다시마 등으로 우려낸 반죽육수에, 파전 위에 올리는 달걀 등 갖은 재료를 이용하여 부쳐내는 음식이 동래파전이다. 보통 파전과는 달리 두껍고 속이 촉촉하다. 파 이외에도 다양한 재료가 들어가 각각의 식감을 즐길 수 있다. 때문에 동래파전은 제각각의 맛을 내는 다양한 음식재료가 '한 가지의 맛' 속에 모여 서로 어우러지고, 하나의 공통된 맛 아래 스스럼없이 뭉치는 '개성과 화합의 음식'이다.

이를테면 근현대사를 거치며 부산에 정착한 여러 지역 사람들이, '부산'이라는 장소에서, '부산 사람'으로 하나가 되어, '부산의 정신'을 만들어낸 것과 다르지 않은 음식이 '동래파전' 아닐까?

봄의 기장 쪽파 음식은 '파전' 이외에도 고춧가루와 기장 멸치젓국 등만 넣어 만드는 '파김치'와 파를 소금물에 살짝 데쳐 돌돌 말아 초고추장에 찍어 먹는 '파강회', 쪽파를 생채로 새콤달콤하게 무쳐 먹는 '쪽파 겉절이' 등이 있다.

파김치는 쪽파를 멸치젓국에 절여 담근 김치. 멸치젓국, 고춧가루 등을 섞어 만든 양념에 잘 손질한 쪽파와 함께 버무린 후 적당히 익혀 먹는 음식이다. 입맛 없는 봄날에 밥 위에 얹어 함께 먹으면, 최고의 봄 반찬이 되는 것이 바로 '파김치'이다. 강회는 숙회(熟膾)의 일종으로 파나 미나리를 소금물에 데쳐 돌돌 말아 만든 회로, 이른 봄의 향이 강한 채소를 주재료로 만들어 먹는다.

파를 돌돌 말아 초고추장에 찍어 먹는 파강회

예부터 파를 감을 때 민간에서는 상투 꼴로 똬리를 틀듯 감았고 궁중에서는 족두리 꼴로 감아 먹었다고 전해진다. 봄맛을 상징하는 음식으로 색상이 아름답고 맛이 깔끔해 술안주로 애용했다. 초고추장에 곁들여 먹는다.

기장 쪽파를 한 단 사서 다양한 쪽파 음식을 만들어 보았다. '파김치'와 '파강회', '쪽파 겉절이' 등이다. 봄을 맞아 쪽파가 살이 올라 통통하다. 향도 은은하게 상쾌하다. '파김치'를 맛본다. 기장 멸치액젓이 배여 구수하고 짭조름하다. 기장의 건강한 황토흙 냄새가 물씬 난다. 한입 넣고 씹으니 싱그러운 파 향이 입안 전체로 퍼져난다. 알싸하니 기분 좋은 매운맛도 돌고 아삭아삭 식감 또한 경쾌하다. 구수하고 아릿한 맛이 봄의 노곤함을 일시에 가셔주는 느낌이다.

쪽파를 데쳐 한 줄기씩 돌돌 감은 강회를 회초장에 찍어 맛본다. 쪽파 머리 부분이 와드득 씹힌다. 그리고 푸른 줄기는 부드럽게 혀를 감싸며 들큰한 맛을 자아낸다. 회초장의 새콤달콤한 맛과 어울리면서 해풍 맞은 기장쪽파가 바닷바람에 흔들리는 것을 느낀다.

파무침은 상쾌한 식초와 알싸한 생파가 어우러져 봄을 알리는 음식. 한 젓가락 먹으니 '아~! 봄이로구나~' 완연히 알아챌 수 있겠다. 음식으로 계절을 느낀다는 말이 제대로 실감이 나는 음식이다. 다진 쪽파로 고명을 올린 고소한 계란찜도 한입 먹는다. 간간이 씹히는 파 고명이 향긋한 파 향을 내며 은은하게 씹힌다. 달걀 특유의 비린내도 잡아주고 식감도 좋게 한다. 거듭 떠먹을수록 봄이 입안으로 쏟아져 들어오는 것만 같다.

봄을 알리는 기장쪽파 음식 한 상으로, 봄은 이미 곁에 와 있다. 가끔씩 봄비 소식에 파전도 부쳐 먹고, 일상이 나른한 날에는 파김치 한쪽으로 입맛도 살려보자. 이러구러 봄은 봄이러니~!

양산 단풍콩잎장아찌

오메, 밥상에 단풍 들었네

부산은 여러 시기에 걸쳐 다양한 지역 사람들이 정착해 '지금의 부산'을 이룬 도시이다. 부산의 음식과 음식문화도 팔도에서 온 이주민들의 음식이 '부산화'되는 정착 과정을 거쳐 오늘에 이른다. 특히 대도시인 부산의 음식과 음식문화는 그 바탕에서 이웃한 지역인 김해와 양산에서 이주해 온 이들의 영향 또한 크게 받을 수밖에 없었다. 그뿐만 아니라 부산의 강서구는 원래 '김해군'에 속했다가 1978년 부산으로 편입됐고, 기장군은 양산에서 분리돼 부산으로 편입된 역사를 지녔기에 더욱 그러하다.

양산은 낙동강을 중심으로 부산과 경계가 맞닿은 지역이다. 양산시는 경상남도의 곡창 지대로 예부터 논농사가 발달했다. 게다가 낙동강을 중심으로 한 풍부한 민물 식재료가 풍부했고 1995년까지 양산군에 속했던 기장지역의 싱싱한 수산물을 이용한 음식도 풍성하게 펼쳐지던 곳이다. 기장 대변의 멸치로 젓갈을 만들어 다양한 음식과 양념으로 활용했기에 대체로 음식이 짜면서도 양념 등이 짙은 편이다. 음식의 비린내를 제거하기 위해 제피를 사용하는 음식도 많은 점이 특징이다.

이러한 양산지역의 지리적 특성을 잘 반영한 음식 중 하나가 바로 '단풍콩잎장아찌'이다. 단풍콩잎장아찌는 경상도 전역에서 늦가을 서리를 맞아 노랗게 단풍이 든 콩잎을 따서 삭힌 뒤, 된장 또는 멸치젓갈 양념에 버무려 먹는 음식이다.

양산의 '단풍콩잎장아찌'는 다른 지역과 달리 콩잎을 멸치젓갈로 만든 양념으로 빽빽하게 버무려서 먹는다. 우선, 노랗게 단풍 든 콩잎을 보름여 소금물에 넣고 삭힌다. 그리고 멸치젓국을 달여 만든 맑은 멸치액젓에 고춧가루, 마늘, 파, 생강 등속을 넣은 양념장을 만들어, 콩잎마다 한 장 한 장 발라 숙성시킨다. 이때 양념은 김치양념보다도 더 많이 넣어, 양념에 콩잎을 재우듯 넉넉히 담가야 한다.

단풍콩잎장아찌 재료로 콩나물 콩잎을 주로 쓰는데, 메주콩잎을 사용하기도 한다. 양산 사람들은 "메주콩잎보다 콩나물 콩잎으로 담그는 것이 입속 느낌도 좋고 더 맛있다"고들 한다.

맛이 든 단풍콩잎장아찌는 겨우내 양산 사람들 밥상 한가운데 떡 하니 자리하고는, 끼니마다 그 입맛을 돋워주는 음식이다. 뜨거운 밥에 얹어 먹거나 콩잎에 밥을 얹어 젓가락으로 도르르 감아 먹으면, 가슬가슬한 콩잎에 진하고 짭조름한 양념이 배여 늘 먹어도 질리지 않는다.

또한 가을에 담근 단풍콩잎장아찌는 해를 넘겨 한여름까지 먹

콩잎물김치

는데, 입맛 없는 여름철 반찬으로는 더할 나위가 없다. 찬물에 밥 말아 단풍콩잎장아찌 한 장 척 얹어 입에 넣으면, 더위에 지친 입맛이 바로 되돌아오는 별미 중 별미다.

원래 콩잎은 멸치젓국 양념으로 담근 '단풍콩잎장아찌'와 된장에 박아 놓은 뒤 일정 기간 지나면 먹는 '된장콩잎장아찌', 양념을 발라 발효한 뒤 새콤하게 먹는 '콩잎김치' 등을 널리 먹는다. 여름철에는 입맛 없을 때 부드럽고 여린 콩잎을 풀물에 며칠 재운 '콩잎물김치'로도 먹는다. 콩꽃이 피기 전 연하고 어린 콩잎을 따 콩잎물김치를 담그는데, 콩잎 특유의 향과 함께 가슬가슬한 느낌이 입속에서 흔쾌하다. 특히 새콤 시원한 국물은 해장에도 좋고 국수에 말아 먹어도 좋다.

청양고추를 듬뿍 넣고 끓인 '찐 장(가마솥 밥을 지을 때 함께 넣고 찐 뻑뻑한 강된장)'에 쌈을 싸서 먹어도 근사하다. 콩잎 두어 장에 밥을 올리고 그 위에 '찐 장'을 듬뿍 올린 다음 입안 가득 싸 먹는 것이다. 그리고 기장멸치로 삭힌 멸치젓국을 땡초와 함께 쌈으로 싸 먹는 '콩잎 멸치젓갈 쌈' 또한 입맛 없을 때 최고의 음식이다.

양산의 시장에서 만난 된장깻잎, 된장콩잎, 양념깻잎 그리고 단풍콩잎장아찌

어릴 적 양산군에서 자란 박정애 시인에게서 콩잎장아찌의 추억담을 듣는다. "양산 사람들은 콩잎을 참 좋아해요. 사시사철 콩잎으로 다양한 음식을 만들어 먹지요. 봄·여름에는 야들야들한 콩잎으로 새콤하게 물김치를 담가 먹고, 밥물 들어간 구수한 '찐장'으로 쌈도 싸 먹어요. 가을·겨울이면 된장에 박아서 익힌 된장콩잎장아찌와 멸치젓국 양념에 버무린 단풍콩잎장아찌를 먹는데, 끼니마다 없어서는 안 될 밑반찬이었지요."

박 시인 또한 어릴 적부터 단풍콩잎장아찌를 즐겨 먹었는데, 콩 이파리에 있는 '엽맥'이 질겼던지 부드러운 잎만 먹고 엽맥은 남겼단다. 그래서 밥을 먹고 난 밥상 위에는 콩 이파리 엽맥이 생선가시처럼 소복하게 쌓여 있었다고.

"학교에 갈 때 도시락을 싸서 가잖아요? 양산에는 도시락 반찬이 거의 콩잎장아찌였어요. 그래서 콩잎장아찌 '장물(양념국물)'

이 가방 속에 넘쳐흐르는 건 일상다반사였지. 중학교 때까지는 예사로 생각했는데, 고등학교 때는 '장물'에서 나는 냄새 때문에 부끄럽기도 하고 해서 도시락을 안 싸 가려고도 했지요."

박 시인의 이야기를 듣다 보니 양산 사람들에게 콩잎장아찌는 어릴 적 아련한 추억과 가족과 함께했던 밥상머리의 따뜻한 기억을 반추해내는 '양산의 소울푸드'임을 바로 알겠다.

양산 특유의 향토음식 중 하나인 '단풍콩잎장아찌'와 '된장콩잎장아찌'를 사서 밥상을 차린다. 상을 차리고 보니 늦가을 밥상이 온통 단풍이 들어 울긋불긋하다. 노란 단풍콩잎에 넉넉하게 밴 붉은 양념, 누런 된장양념 속 진녹색 콩잎, 붉으락푸르락 조선상추… 밥상에 단풍 든 가을 산을 옮겨놓은 것만 같다.

두 가지 콩잎장아찌를 번갈아 가며 고슬고슬 잘 지은 흰 쌀밥 위에 한두 잎씩 올려서 먹는다. 담백한 쌀밥에 짙은 양념이 섞이면서 짭조름하고 구수한 냄새가 확 치고 오른다. 가슬가슬하면서도 쫀득쫀득한 식감이 입맛을 제대로 살려준다. 단풍콩잎장아찌를 펴서 밥을 올리고 젓가락으로 집어 먹는다. 약간 질긴 듯 씹히는 콩잎이 씹는 맛을 배가시켜준다. 마치 소고기를 씹는 느낌이다. 잘 익은 멸치젓갈의 진한 풍미도 근사하다. 밥이 쉴 새 없이 꿀떡꿀떡 잘도 넘어간다.

된장콩잎장아찌 또한 짭짤하면서도 달곰하다. 된장콩잎장아찌는 된장에 박아놓고 일 년 내내 먹을 수 있어서 사철 반찬이기도 하다. 뜨끈한 밥과 함께 먹어도 좋겠지만 물에 말아 얹어 먹어도 좋겠다. 이러구러 먹다 보니 밥 한 그릇 뚝딱이다.

고슬고슬 뜨끈한 흰 쌀밥에 단풍콩잎장아찌 한 장 올려 먹으면 진수성찬 안 부럽다.

예부터 흉년이 들면 백성을 돕기 위한 구황(救荒) 작물로 널리 활용되었던 콩잎. 농업을 근간으로 하던 우리 민족에게는 어렵던 시절 가장 친숙했던 추억이 담긴 식재료이기도 하다. 요즘도 양산의 '출향 인사'들이 선호하는 고향음식 또한 콩잎장아찌라 하니, 그 매력과 위세를 미루어 짐작할 만하다.

양산 곰취와 곤달비

겨울 난 몸을 파릇하게 일깨우다

부산 금정구 노포장에서 촌 아낙들이 채취해 온 곤달비로 몇몇 봄을 난 적이 있었다. 나물 향이 유난히 좋아 쌈을 싸거나 삼겹살을 얹어 먹기에 그만이었기 때문이다. 향긋하면서도 달그래한 곤달비의 풍미는 겨울을 난 몸을 일찍 일깨우고 싱그럽게 해줬다. 곤달비는 양산의 야산에 자생하는 국화과의 큰 이파리 봄나물이다. 우리나라에는 전남 홍도가 특산 자생지로, 남부지방 야산이나 산간지역 등에 폭넓게 자생한다. 양산에는 영남알프스 지역을 중심으로 소량 자생하고 있다.

남부지방의 대표적인 봄나물 곤달비를 취재하기 위해 수소문 끝에, 양산시청 위생과 손정일 과장에게 곤달비 마을을 소개받았다. 평소 양산 향토음식과 관련해 시정 자문을 해왔던 인연이었다. 양산 원동면 대리. 일명 배내골로 통하는 한 마을이었다. 마침 점심 무렵이라 향토음식전문점 대추나무집에서 하선근 마을 이장, 박상환 곤달비 작목반 회장, 김종범 작목반 총무 등과 '곤달비 밥상'을 받았다. 각양각색의 곤달비 음식이 줄줄이 이어졌다.

그러나 필자가 받아 든 나물은 곤달비가 아닌 곰취였다. "이거, 곰취 같은데" 혼잣말처럼 중얼거리자, 김 총무가 "맞습니다. 이거 곰칩니다"라고 답했다. 그는 적잖이 당황해하는 필자를 향해 "양산 쪽에는 이 곰취가 곤달비로 통합니다. 얼마 전까지도 곤달비로 알고 재배를 했고요"라고 설명했다.

박 회장의 부연설명이 이어진다. "남부지방에는 곰취가 잘 안 나요. 대부분 곤달비지요. 우리 마을 뒷산에 자생하는 것을 마을 할머니들이 곤달비로 알고 몇 포기씩 캐서 마을에 심은 것이 최촌데, 농업기술센터에 문의해보니 곰취라는 겁니다. 그때서야 우리도 곰취라는 것을 알았지요. 그래도 지금껏 곤달비로 생산하다 보니 곤달비로 유통을 합니다."

부산의 마트 몇몇 곳이 곤달비란 이름으로 곰취를 팔고 있는 것을 목격하기도 한 터라 새삼스러울 것도 없다. 가격도 곤달비보다 곰취가 비싸니 곰취를 곤달비로 파는 것에 대해 별다른 악의는 없었을 것이다.

곰취와 곤달비는 그 모양새와 맛, 활용도 등에 있어 너무나 흡사하여 그 구분이 쉽지가 않다. 때문에 곰취와 곤달비가 구분된 것도 1980년대에 이르러서이다. 그 이전에는 이 둘 모두가 곰취로 불렸던 것으로 추정된다. 곰취는 봄나물 중에 가히 제왕이라 할 만큼 그 크기나 향, 맛에서 타의 추종을 불허한다. 조선 후기 신계영이 지은 연시조 〈전원사시가〉의 내용 중 '어젯밤 좋은 비로 산채가 살젓으니, 광주리 옆에 끼고 산중에 들어가니 주먹 같

곰취쌈

은 고사리요 향기로운 곰취로다. (…) 취 한 쌈 입에 넣고 국 한번 마시나니, 입 안의 맑은 향기 삼키기 아깝도다"라는 구절을 봐도 그 풍미를 짐작할 수가 있겠다.

곰취는 곰 발바닥처럼 생겼다고 곰취라 부른다고들 한다. 하트 모양으로 둥글고 이파리 가장자리가 톱니처럼 뾰족하다. 줄기에 붉은 줄무늬와 홈이 파여 있다. 자생 환경은 토양 속 수분은 많되 배수가 잘 되어야 하고 볕은 잘 들어야 하지만 직사광선이 드는 곳은 싫어한다. 자체의 열이 많아 서늘한 기온의 환경에 잘 적응한다. 때문에 야생의 곰취는 깊은 산간 지역의 청정한 곳에서만 자생한다. 강원도 태백산맥 등이 대표적이다. '곰이 먹는 나물'이라고 곰취라 불리는 것만 봐도 자생 지역의 특성을 잘 알 수가 있겠다.

대리마을의 곰취 재배는 이 일반적인 자생지역의 보편적 편견 때문에 생긴 해프닝이다. 대리마을 곰취 자생지는 배내골을 둘러싸고 있는 신불산, 영축산 등 영남알프스 지역이다. 비교적 그 산세가 깊고 높아 강원지역과 자생여건이 비슷하다. 이곳 산 허리쯤에 이 곰취가 자생하고 있었다. 이를 이 마을 할머니들이 두어 뿌리씩 캐다가 집 옆 담벼락이나 채마밭, 대추나무, 매실나무 밑에 심어두고 한 잎씩 쌈 싸 먹던 것이 대리마을 곰취 재배의 시초였다.

"곰취의 체계적인 재배는 1997년부터였습니다. 현재 20여 농가가 총 1만m²에 걸쳐 재배하는데, 주로 씨앗으로 번식, 재배를 하고 있습니다. 수확은 파종 후 4년까지 하는데 5년 주기로 새로 파종을 합니다. 때문에 곰취 씨앗을 받으러 천성산 정상까지 헤매기도 했지요." 김 총무의 말이다.

"곰취는 노지 기준으로 4월 20일경부터 5월 말까지 한 달여 수확합니다. 기온이 25℃ 이상 올라가면 순이 안 올라와요. 워낙 재배하기 힘든 녀석들이라 노지재배만 되면서 채취도 해 뜨기 전 서너 시간만 가능합니다. 해가 뜨면 잎이 시들기 때문이지요." 박 회장이 말을 받는다.

곰취는 그 향이 뛰어나고 맛이 쌉싸래하기에 봄철 다양한 조리법으로 여러 음식을 만들어 먹는다. 대리에서는 햇물은 생채, 이후 것은 순째, 끝물은 묵나물로 활용을 한단다. 대리의 한정식집 '대추나무집'에서 '곰취밥상'을 거방하게 받아든다.

생채로는 고기, 생선회를 싸 먹는다. 삼겹살과 특히 잘 어울려 느끼함과 고기 누린내를 잡아준다. 낙동강을 낀 민물횟집에는 봄철 웅어회를 싸 먹는데, 향긋하면서 쌉싸래한 맛이 웅어회의 고소함과 궁합이 잘 맞아 큰 인기를 끌고 있다. 숙채로는 쌈밥을 싸 먹는데, 입안에서 그윽하면서도 깊은 향이 오래도록 감돌아 고급 한정식 밥상에 오를 정도로 그 격조가 남다르다. 특히 막장과 잘 어울리는 산채로, 그 향긋한 풍미가 남다르다. 찹쌀풀을 살짝 묻혀 튀겨낸 곰취튀김도 대단하다. 한 입 베어 물면 우선 바사삭한 식감이 입안 가득 경쾌하게 번져난다. 뒤이어 향긋한 향과 함께 고소함이 올라오고 끝으로 은근하게 쌉싸름한 맛으로 마침표를 찍는다. 남녀노소 간식으로, 고급 술안주로도 근사하겠다.

입맛 없을 때는 단연 곰취장아찌다. 간장에 담가둔 곰취를 꺼내어 물에 만 밥을 한술 크게 떠서 곰취장아찌를 올려 먹으면, 짭조름하면서도 은근한 곰취향이 어우러져 여름 입맛 돌리기엔 안성맞춤이다. 곰취가 한창 생산될 때는 곰취즙을 밀가루와 반죽하여 곰취수제비나 곰취칼국수를 만들어 먹는다. 특히 산골에 비가 오는 날이면 동네 아낙 여럿이 모여 뜨끈한 국물 훌훌 들이켜며 먹는 곰취 칼국수·수제비는 계절음식으로 그만이다.

양산 배내골에도 곰취가 자생한단다. 아주 흔쾌한 소식이다. 주말마다 대리마을 약수터에서 마을 팔순 할머니들 일고여덟 명이 반짝장터를 열어 곰취를 팔고 있단다. 봄을 맞아 배내골로 돌아들거든, 곰취의 싱그러운 향에 취해 보는 것도 괜찮겠다.

경남 양산 배내골 향토음식점에서 봄나물 중의 제왕이라 할 만한
곰취쌈에 삼겹살 한 점을 올려놓았다.